章海霞 ◆ 著

核用锆合金
腐蚀机理
性能改善

U0342312

化学工业出版社

·北京·

本书共分 9 章，内容包括绪论、锆合金腐蚀性能的研究方法、锆合金的腐蚀性能、新锆合金基体显微组织与腐蚀性能的关系、氧化膜组织结构对腐蚀性能的影响、氧化膜内残余应力与相结构以及腐蚀性能的关系、含 Nb 新锆合金腐蚀机理的探讨、石墨烯防腐涂层的制备及性能研究、结论与趋势分析。书后还附有相关标准，供读者参考。

本书具有较强的知识性、针对性和系统性，可供核工业材料方面的研究人员、技术人员参考，也可供高等学校材料类、核能类、环境类及相关专业师生参阅。

图书在版编目(CIP)数据

核用锆合金腐蚀机理及性能改善/章海霞著. —北京：化学工业出版社，2019.9
ISBN 978-7-122-35250-7

Ⅰ.①核… Ⅱ.①章… Ⅲ.①锆合金-防腐-研究
Ⅳ.①TG146.4

中国版本图书馆 CIP 数据核字（2019）第 214117 号

责任编辑：刘兴春　刘　婧　　　　　　　　装帧设计：史利平
责任校对：宋　玮

出版发行：化学工业出版社（北京市东城区青年湖南街 13 号　邮政编码 100011）
印　　装：三河市延风印装有限公司
710mm×1000mm　1/16　印张 11　彩插 4　字数 151 千字
2019 年 9 月北京第 1 版第 1 次印刷

购书咨询：010-64518888　　　　　　　　　售后服务：010-64518899
网　　址：http://www.cip.com.cn

前言 ▶▶▶▶

　　在全球对能源的需求正在以前所未有的速度增长的今天，核能的开发和利用意义重大。核能是一种安全、可靠、清洁、有竞争力的新能源，发展核电是实施可持续发展的必然要求。目前，全世界有440多座核电站分布在30多个国家和地区，拥有量位居前三的是美国、法国和日本。我国核电发展起步较晚，于20世纪70年代开始进行核电设计工作，并于80年代正式进入发展阶段。我国已有的四个核电基地是秦山核电基地、大亚湾核电基地、田湾核电基地和岭澳核电基地，正在建设的核电基地较多，包括浙江三门、广东阳江、福建宁德、辽宁红沿河、山东海阳等。一直以来，我国政府坚持"适度"发展核电的原则，但随着经济的快速发展，能源瓶颈一再出现，我国政府明确提出要"大力"发展核电。提高燃料燃耗，延长燃料换料周期，降低核电成本会有力地促进核电产业的发展。因此，这对反应堆安全性和可靠性的要求就更高，而应用于核反应堆中的关键材料的性能则受到极大关注。

　　核反应堆燃料元件包壳材料是制备核燃料元件的一种关键材料，它的性能直接决定反应堆的安全可靠性。由于具有热中子吸收截面小、好的耐高温高压水腐蚀性能以及好的高温强度等特点，锆合金成为目前世界上运用在核反应堆中唯一的一种包壳材料。锆合金包壳管在服役过程中内壁受到裂变产物的侵蚀，外壁受到高速流动的高温高压水的冲刷和腐蚀，同时包壳力学性能会由于中子辐照损伤和腐蚀吸氢而下降。核安全杂志报道，在核电站运行事故中有10%～30%是由腐蚀引起的。因此探索锆合金的腐蚀机理以及提高其耐腐蚀性能的方法，有望有效延长锆合金包壳管在核反应堆中的寿命。

　　本书撰写内容侧重以下几个方面：①采用不同水化学条件研究锆合金的腐蚀行为，考核其腐蚀性能；②研究基体显微组织（基体中合金元素含量及第二相粒子种类和分布）对锆合金腐蚀行为的影响；③研究氧化膜显微组织（相转变及应力分布）对锆合金腐蚀行为的影响；④对锆合金腐蚀机理进行了深入的分析研究，并建立了含 Nb 新锆合金腐蚀机理模型；⑤开展了有关石墨烯作金属材料防腐涂层的探索性研究，为锆合金表面石墨烯防腐涂层的研究提供理论基础和实验依据。本书具有较强的技术性和参考性，对进一步改进现有锆合金的性能和设计开发新型锆合金，提高核反应堆的经济性、安全性具有重大意义，可供从事核用材料的安全处理处置、腐蚀防护等的工程技术人员和科研人员参考，也供高等学校材料、能源生态环境及相关专业师生参阅。

本书由章海霞著。在本书编写和出版过程中，西部新锆核材料科技有限公司的黄增鑫给予一定的工作帮助；同时得到化学工业出版社的大力支持，在此一并表示感谢！

限于著者水平及编写时间，书中不足和疏漏之处在所难免，恳请读者批评指正。

著者
2019 年 6 月

▶▶▶▶▶ **目 录**

第 **3** 章 锆合金的腐蚀性能 **33**

第 **4** 章 新锆合金基体显微结构与腐蚀性能的关系 **38**

第 **5** 章 氧化膜组织结构对腐蚀性能的影响 **45**

第 9 章　结论与趋势分析　　　　　　　　　135

附 录　　　　　　　　　　　　　　　　　　　**140**

第**1**章 ▶▶▶▶

绪　论

1.1　核电的发展

　　锆及其合金主要应用于核工业，核能的开发和利用大大促进了锆和锆合金冶金工业的发展。

　　核能具有远高于煤和石油的能量密度，一座功率为 1000MW 级的核电厂，一年只需 $1t^{235}U$ 燃料，而一座 1000MW 级的煤电厂，一年需要的标准煤高达 260×10^4t。因此，在全球对能源的需求正在以前所未有的速度增长的今天，核能的开发和利用意义重大。其次，核电厂不会产生 SO_2 等有害气体，大大减轻了环境污染；另外，核电站的事故率很低[1,2]。核电站具有以煤和石油为燃料的火电站无可比拟的优点，即高效、经济、安全可靠、清洁等。从长远来看，核能将是继石油、天然气、煤炭之后的主要能源，人类即将从"石油文明"向"核能文明"转变。

　　世界上第一座试验核电站是 1954 年由苏联在奥布宁斯克建成的，装机容量为 5000kW。随后，在 1957 年美国建成了世界上第一座商用核电站，迄今为止，核电产业的发展已经过了 50 多年，全世界 440 多座核电站分布在 30 多个国家和地区，拥有量位居前三的是美国、法国和日本，其拥有的核电站分别为 104 座、59 座和 53 座；世界上核发电量已占总发电量的 16%，其中法国以 75% 居首位[3]。

　　我国核电发展起步较晚，于 20 世纪 70 年代开始进行核电设计工作，并于 80 年代正式进入发展阶段。1985 年开工建设的秦山核电站是我国的第一座核电站，它的顺利运行开启了中国核电发展的新篇章。我国现有的四个核电基地是秦山核电基地、大亚湾核电基地、田湾核电基地和岭澳核电基地；正在建设的核电基地也有很多，包括浙江三门、广东阳江、福建宁德、辽宁红沿河、山东海阳等。一直以来，中国政府坚持"适度"发展核电的原则，但随着经济的快速发展，能源瓶颈一再出现，我国政府明确提出要"大力"发展核电[4]。

大力发展核电产业是解决我国能源短缺、电力紧张和环境污染等问题的好办法。提高燃料燃耗，延长燃料换料周期，降低核电成本会有力地促进核电产业的发展。因此，这对反应堆安全性和可靠性的要求就更高，而应用于核反应堆中的关键材料的性能受到极大关注。

1.2 核反应堆与核燃料包壳材料

核电站的反应堆堆型分为热中子堆和快中子增值堆两大类。

热中子堆又分为轻水型、重水型、石墨-气冷型等。由于轻水型中的压水型反应堆具有良好的经济性和安全性，核电站用的最多的堆型是压水堆，它在正常运行时一次冷却水保持在压力 15.5MPa 和温度 293℃下进入反应堆压力容器[1,5]，其次是沸水堆和重水堆。目前，我国的核电站大多采用压水型反应堆。

简单来说，核反应堆是一个核裂变的反应装置，只是在它里边进行的裂变反应是可以控制的。压水堆的结构示于图 1-1，可以看到堆芯、反射层、控制棒、堆容器和屏蔽层是组成压水堆的主要部分。

图 1-2 显示的是由燃料芯体、包壳等组成的压水堆核燃料组件，这些燃料组件按照一定方式排列于堆芯内；包壳将发生裂变反应的燃料芯体包装在内。可见包壳材料的性能直接决定反应堆的安全可靠性。

包壳有三个重要的作用：第一，包壳可以将燃料芯体和冷却水进行

图 1-1 压水堆结构

有效隔离，防止它们之间化学反应的发生；第二，包壳作为反应堆的第一道安全屏障，可以有效阻止裂变产物的逸出，防止放射性物质对周围环境的污染；第三，包壳作为热能的载体，将芯体裂变反应产生的热能传递给冷却剂。所以，包壳材料是制备核燃料元件的一种关键材料。

由于具有热中子吸收截面小、好的耐高温高压水腐蚀性能以及好的高温强度等特点，锆合金成为目前世界上运用在核反应堆中唯一的一种包壳材料。服役过程中，处于核动力反应堆中的锆包壳被腐蚀生成氧化膜，会使锆合金包壳的有效壁厚减薄，影响燃料元件的使用寿命；与此同时会释放出氢，放出的氢一部分被锆合金吸收[6]，另一部分形成氢化锆，导致锆合金产生氢脆，降低了锆合金包壳的堆内使用性能。由氢脆引起的事故也曾经发生过[7]。此外，氢在锆合金中还会发生扩散，

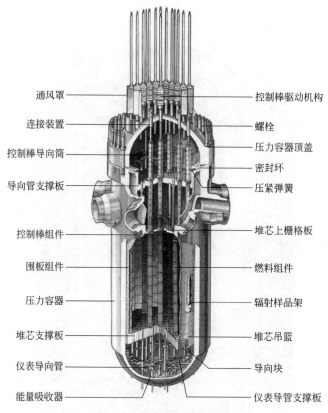

通风罩 —— ———— 控制棒驱动机构

连接装置 —— ———— 螺栓

控制棒导向筒 —— ———— 压力容器顶盖

—— 密封环

导向管支撑板 —— ———— 压紧弹簧

控制棒组件 —— ———— 堆芯上栅格板

围板组件 —— ———— 燃料组件

压力容器 —— ———— 辐射样品架

堆芯支撑板 —— ———— 堆芯吊篮

仪表导向管 —— ———— 导向块

能量吸收器 —— ———— 仪表导管支撑板

图 1-2　压水堆核燃料组件

在锆合金包壳张应力大和温度低的地方局部氢浓度很高，并且氢会沿着与张应力垂直的方向析出片状的氢化锆，引起锆合金包壳的氢致延迟开裂的问题[8-10]。通过透射电镜原位观察的方法研究氢致延迟开裂的过程，发现它是一个氢化锆裂纹尖端析出、长大、开裂的周而复始的过程[10,11]。因此，腐蚀和吸氢是锆合金包壳工作过程中存在的两大危害因素，密切关系着反应堆运行的安全可靠性。目前核反应堆的设计准则一方面是限制锆合金包壳管表面氧化膜的厚度；另一方面是限制腐蚀过程中的吸氢，以保证锆合金包壳管的使用寿命较核燃料棒的寿命长，尽量避免服役过程中发生破裂。另外，提高核燃料的燃耗、延长燃料的换料周期、增加核燃料组件在堆芯中的停留时间也势在必行，以达到降低核电成本的目的。因此，提高锆合金的耐腐蚀性能、减少腐蚀时的吸氢量是两个值得深入研究的问题。

1.3 核能用锆合金简介

1.3.1 锆的基本性质

纯锆晶体在室温下为密排六方（hcp）结构，其轴比 c/a 为 1.594。晶格常数是 $a=0.323\text{nm}$、$c=0.515\text{nm}$[12]。纯锆在 865℃ 发生同素异形转变，从低温的密排六方 α 相（hcp）转变为体心立方（bcc）β 相。冷却时根据冷却速度的不同发生马氏体转变或贝氏体转变，在原 β 晶粒中新生针片状 α 相。α/β 相变时保持着 $(0001)_α//\{110\}_β$ 及 $\langle 1120\rangle_α//\langle 111\rangle_β$ 的取向关系，在同一个 β 晶粒中有几套不同的取向组合，从而在 β→α 相变后可以得到织篮状或平行板条状 α 晶粒组织。锆是难熔的金属，熔点为 1860℃。

表 1-1 给出了锆的主要物理性质，应特别注意其强烈的各向异性行为。例如关于热弹性方面，沿着六方晶格 [0001] 方向和 [11-20] 方向的热膨胀系数和杨氏模量的差别，以及热处理后由于晶格间热膨胀不匹配而产生的内应力。在 500℃ 退火并冷却到室温后，〈c〉 方向受到的张应力水平可达 1000MPa[13]。

表 1-1 锆的物理性质[13]

项目	单位	平均值	[11-20]方向	[0001]方向
密度	kg/m³	6.500		
热膨胀系数	K^{-1}	6.7×10^{-6}	5.2×10^{-6}	10.4×10^{-6}
杨氏模量	GPa		99	125
晶格常数	nm		$a=0.323$	$c=0.515$
热导率	W/(m·K)	22		
比热容	J/(kg·K)	276		
热中子俘获截面	b	0.185		

注：b 为靶恩（barn），表示核反应截面的大小，$1\text{b}=10^{-24}\text{m}^2$。

1.3.2 核用锆合金

锆的热中子吸收截面小，添加一定的合金元素后可以获得较好的耐高温高压水腐蚀性能和高温力学性能，使其成为原子能工业中不可替代的核反应堆燃料包壳和结构材料。各种合金元素在 α 相和 β 相中的相对溶解度是选择添加元素及热处理的基础之一。由于少量添加就对中子物理学产生影响，所以在化学规格中对高吸收元素规定的量只有几个 ppm[1]（1ppm＝10^{-6}，下同），例如 B 元素含量限制在 0.5ppm 以内。目前用于核应用的锆合金主要有 Zr-Sn 系合金、Zr-Nb 系合金和 Zr-Sn-Nb 系合金三大系列。

（1）Zr-Sn 系合金[14,15]

高纯锆在冶炼加工过程中会引入 N、C、Ti、Al、Si 等有害杂质，使其耐腐蚀性能变差，而且高纯锆的强度太低。Sn 是 α 相稳定元素，在 α 相和 β 相中形成置换固溶体。最初在海绵锆中添加 Sn 是为了提高腐蚀抗力，特别对损害耐腐蚀性能的 N 有减轻其有害影响的作用。所以，最初的锆合金是成分为 Zr-2.5Sn 的二元合金，即 Zr-1 合金，由于该合金耐腐蚀性很差，最终没有得到应用。后来将 Zr-1 合金进行成分调整后，研制出了 Zr-2 和 Zr-4 合金，Zr-4 合金是在 Zr-2 合金基础上去掉 Ni 并增加 Fe 而得到的。目前，Zr-2 合金和 Zr-4 合金均被成熟应用于核反应堆中，Zr-2 合金主要用作沸水堆的包壳材料，而 Zr-4 合金主要用作压水堆的包壳材料，这两种合金均被称作第一代锆合金包壳材料。

由于现在对工艺参数以及 N 含量控制得较好，压水堆用锆合金的 Sn 含量有望控制在更低水平。然而 Sn 对机械性能也有影响，所以不应对该影响不做特别考虑而过分降低其含量。一些研究者通过合理调整常规 Zr-4 合金的含量，得到了改进 Zr-4 合金。改进 Zr-4 合金的耐腐蚀性能明显优于常规 Zr-4 合金，被称作第二代包壳材料，得到了广泛应用。

由于 Fe、Cr 和 Ni 在三元相图中存在 β 相的共析分解，因此这 3 种元素被认为是"β 共析"元素。因不锈钢取样管"意外污染"而将添加到初期含 Sn 二元合金溶液中，表明腐蚀抗力得以提高，从而产生了 Zr-2 合金和 Zr-4 合金。通常情况下，这些合金元素在 835～845℃ 的溶解温度范围内（α＋β 相区的上部）全部溶解于 β 相中，而这些合金

元素在 α 相中的溶解度很小[16]。一般来说，在锆合金中形成的金属间化合物是 Zr_2(Ni，Fe)、Zr(Cr，Fe)$_2$。在 Zr-4 合金中沉淀相的 Fe/Cr 比与合金的名义成分相同。在 Zr-2 合金中得到的沉淀相 Fe/Cr 比和 Fe/Ni 比范围较宽，这是由于 Fe 在 Zr(Cr，Fe)$_2$ 和 Zr_2(Ni，Fe) 两种沉淀相之间的分配，使沉淀相成分和合金成分之间的关系变得较为复杂[17]。

沉淀相的尺寸对锆合金的耐腐蚀性能有很大影响，在压水型反应堆中锆合金所含的沉淀相较大，则得到较好的均匀腐蚀抗力；而在材料中为细小分布的小沉淀相时，在沸水堆中具有很好的抗疖状腐蚀能力[1]。

（2）Zr-Nb 系合金

当欧美国家对 Zr-Sn 系合金展开广泛深入的研发时，苏联发展了 Zr-Nb 系二元合金。俄罗斯的 E110[18]、法国的 M5[19] 以及加拿大的 Zr-2.5Nb 合金[20] 均属于 Zr-Nb 二元合金，并被成功应用于核反应堆，其中 Zr-2.5Nb 合金是专门应用于 CANDU 型重水堆的压力管材料。后来，韩国在已有的 Zr-2.5Nb 合金的基础上，通过添加 Cu 元素开发了一种具有更高强度和更好耐腐蚀性能的材料，即 Zr-2.5Nb-0.5Cu 合金[1,21]。

Nb 是稳定 β 相的合金元素，在高温下从 β-Zr 到 β-Nb 存在着完全置换固溶体。对含 Nb 新锆合金在 β 相区或 α+β 相区的上部淬火时，富 Nb 的 β 相可以分解成 hcp 相；随后在低于 650℃ 的偏晶温度下热处理时，会有 β'-Nb 沉淀相析出[22]。另外，对淬火组织进行时效处理，β 相会转变成亚稳定的 ω 相[23]。

Zr-Nb 二元合金的耐腐蚀性能对加工及热处理制度较为敏感，细小、弥散分布的 β-Nb 第二相对提高耐腐蚀性能有利，而 β-Zr 相的存在不利于提高耐腐蚀性能[22-24]。

（3）Zr-Sn-Nb 系合金

Zr-Sn-Nb 系合金综合了 Zr-Sn 系合金以及 Zr-Nb 系合金的优点。如美国的 ZIRLO 合金[25-28]、俄罗斯的 E635 合金等[29]、日本的 NDA 合金[30]，以及韩国的 HANA 合金等[31]，这些合金的堆内性能都比 Zr-

4 合金更好。

我国从 20 世纪 60 年代开始对锆合金开展了大量的研究工作[32-46]。1960～1975 年期间，先后完成了 Zr-2 合金和 Zr-4 合金的实验室研究，并进行了工业规模的试生产。在锆合金的冶炼、加工、结构控制以及腐蚀性能和力学性能分析方面的研究都积累了一定经验，取得了长足的进展。"八五""九五"期间开展了新锆合金的研究工作，研发了 NZ2 和 NZ8 两种含 Nb 新锆合金，并深入研究了这两种新锆合金的热处理工艺参数。"十五"期间，主要对低 Nb 含量的 NZ2 合金开展了应用性能研究，生产出具有工艺代表性的管材和板材。同时研究了新锆合金的应力腐蚀开裂行为，以及含 Nb 新锆合金的组织结构、渗氢、氢化物取向和织构等。添加少量 Nb 元素后的 NZ2 合金具有优越的耐水侧腐蚀性能、抗应力腐蚀性能、焊接性能和力学性能。现在 NZ2 锆合金已经被用作核反应堆的包壳材料。

核能产业的发展要求锆合金的性能不断提高，因此不断开发高性能的锆合金势在必行，表 1-2 列出了一些世界上主要的已经使用和在研的锆合金。

表 1-2   当今主要在用和在研的核用锆合金

名称	合金名义成分(质量百分数)/%	开发国家	备注
Zr-2	Zr-1.5Sn-0.2Fe-0.1Cr-0.05Ni	美国	使用
Zr-4	Zr-1.5Sn-0.2Fe-0.1Cr	美国	使用
Zr-2.5Nb	Zr-2.5Nb	加拿大	使用
Zr-1Nb	Zr-1Nb	苏联	使用
ZIRLO	Zr-1.0Sn-1.0Nb-0.1Fe	美国	使用
M5	Zr-1.0Nb-0.16O	法国	使用
E635	Zr-1.2Sn-1.0Nb-0.4Fe	俄罗斯	使用
NDA	Zr-1.0Sn-1.0Nb-0.4Fe	日本	在研
NZ2	Zr-1.0Sn-0.1Nb-0.28Fe-0.16Cr-0.01Ni	中国	在研
NZ8	Zr-1.0Sn-1.0Nb-0.3Fe	中国	在研
HANA6	Zr-1.1Nb-0.05Cu	韩国	在研
HANA3	Zr-1.5Nb-0.4Sn-0.1Fe-0.1Cu	韩国	在研
HANA4	Zr-1.5Nb-0.4Sn-0.2Fe-0.1Cr	韩国	在研

1.4　锆合金水侧腐蚀行为研究概况

1.4.1　水化学对锆合金腐蚀行为的影响

当前世界上运行的核电站中使用的唯一——种燃料元件的包壳管和压力管材料是锆合金。锆合金包壳的腐蚀性能因此受到很大关注。而反应堆冷却剂的水化学条件严重影响锆合金的耐腐蚀性能，这是因为冷却水受到严格控制并有意加入了能影响锆合金腐蚀的化学添加剂。特别重要的是 LiOH，因为如果有 LiOH 容易在氧化物内浓缩的条件，它就能显著影响氧化。也就是说添加 LiOH 是为了使回路中放射性物质的迁移量和钢构件腐蚀产物的释放量降低，从而尽量避免工作人员受到辐射。在压水堆中添加 H_3BO_3 是为了控制反应性，用 ^{10}B 作为可燃毒物来调节过剩的核反应性。冷却水化学还影响冷却剂所带的金属杂质的溶解度，其可能以金属氧化物的形式沉积在燃料棒表面，一些情况下还使压水堆和沸水堆包壳的腐蚀都加速。此外，反应堆冷却剂中的杂质元素对锆合金的腐蚀性能也有不容忽视的影响。

锆合金的耐水侧腐蚀性能是决定其能否作为燃料包壳材料使用的最重要指标之一。通常采用堆外高压釜腐蚀实验的方式来模拟锆合金包壳堆内的腐蚀行为。成分相同的锆合金在不同水化学条件下的耐腐蚀性能明显不同[47]。

1.4.2　合金成分对锆合金腐蚀性能的影响

纯锆由于力学性能差以及在水中腐蚀抗力低而不能直接用于反应堆。目前的商用合金一般是基于二元、三元和四元合金系的。具有极不相同溶解度的多种元素作为合金加到锆中，添加的合金元素种类以及含量对锆合金的耐腐蚀性能以及腐蚀机理有极大的影响[14,37,42,48-58]，关系到合金元素种类、配比以及水化学条件。总体来说，Sn 含量的降低、Fe 含量的提高、适量 Nb 和少量 Cu 的添加可以有效改善锆合金的耐水侧腐蚀性能，而 Mo 的添加不利于提高锆合金包壳的耐腐蚀性能，V 对腐蚀性能的影响不明显。

已有的研究结果还难以在合金元素与其对腐蚀性能影响的依赖关系上给出普遍适用的分类，只有搞清楚合金元素与锆合金耐腐蚀性能之间关系，真正了解合金元素对锆合金腐蚀机理的影响情况，才能为高性能锆合金的进一步开发和研究提供有利证据。

1.4.3　热处理对锆合金显微组织和腐蚀性能的影响

合金的成分和合金的加工工艺条件决定了锆合金的显微组织，而合金的显微结构又与锆合金的性能直接相关。一定成分的合金，调整其热处理加工参数，可以使其抗腐蚀能力有一定程度的提高。

Zr-Sn 系的锆合金中，Sn、Fe、Cr、Ni 完全固溶于 β-Zr 相中，但 Fe、Cr、Ni 在 α-Zr 中的固溶度都很低[22]，在运行温度下这些合金元素主要部分总是以 $Zr(Fe,Cr)_2$ 或 $Zr_2(Fe,Ni)$ 沉淀相的形式存在。这些第二相粒子的尺寸和分布与锆合金的腐蚀性能有密切关系。β 淬火后在 α 相区的热处理制度影响第二相的尺寸和分布，因此对决定第二相粒子尺寸分布的加工参数的控制和调整是非常重要的。对所有的各道次退火都规定了进行退火温度和使用该温度的时间，为了达到制造高质量的包壳管材料和有良好性能再现性的燃料组件的目的，这两个变量的结合很重要。Steinberg 等[59] 引入了参数 A，被称作累积退火参数，将 β 淬火后的热处理温度和时间作了归一化处理：

$$A = \sum t_i \exp(-Q/RT_i) \tag{1-1}$$

式中　t_i——温度为 T_i 的 i 道退火的有效时间；

Q——金属间化合物析出的激活能；

R——气体常数，$Q/R = 40000K$。

这一概念已成功说明了热处理与锆合金包壳的金相特征的关系，但累积退火参数不是从本质上直接描述沉淀相长大或腐蚀的物理过程。尽管如此，可以认为把氧化物厚度及腐蚀速率与 A 联系起来是合理的。一些研究者对 Zr-2 合金和 Zr-4 合金的耐腐蚀性能与 A 值之间的关系方面开展了大量的研究工作[52,60-65]。发现 $2 \times 10^{-18}h \leqslant A \leqslant 5 \times 10^{-17}h$ 时，锆合金的耐均匀腐蚀性能很好，而 $A \leqslant 10^{-18}h$ 时可以得到较好的耐疖状腐蚀性能。

Garzarolli 和 Foster 等[61,64,66] 认为第二相粒子的尺寸、数量和分布主要是通过改变 A 值来实现的，他们对锆合金堆外和堆内腐蚀行为进行研究，发现细小、均匀、弥散分布的沉淀相粒子（约 50nm）大大减弱了 Zr-2 合金和 Zr-4 合金在 420℃蒸汽和 360℃水中的抗均匀腐蚀能力，但是使 Zr-2 合金和 Zr-4 合金在 500℃蒸汽中的抗疖状腐蚀性能提高；而粗大的沉淀相粒子（粒径>200nm）对两种合金耐均匀腐蚀和耐疖状腐蚀能力的影响情况恰好相反。因此认为，热处理主要通过改变沉淀相粒子的尺寸、数量和分布情况来改变锆合金的耐腐蚀性能的。

上海大学的周邦新院士[67] 研究了经过不同热处理的 Zr-4 合金在 360℃水和 500℃蒸汽中的腐蚀性能，发现锆合金的耐腐蚀性能与第二相粒子的尺寸之间并没有前面所说的明显的对应关系，这一结果与 Thorvaldsson 等[62] 的研究结果一致。李聪[68] 用电化学萃取和火焰原子吸收光谱相结合的方法分析了经上述热处理后的 Zr-4 样品 α-Zr 基体中固溶的合金元素含量，结果表明 Fe 和 Cr 固溶含量高的样品耐腐蚀性能好。Wadman 等[65] 研究了 Zr-4 合金在 400℃蒸汽中的耐腐蚀性能，并且采用三维原子探针的方法分析了 Fe、Cr 合金元素在基体的含量，发现 Fe 在基体的含量越高，锆合金的抗腐蚀性能越好。热处理在改变沉淀相粒子尺寸、数量和分布情况的同时也改变了合金元素在 α-Zr 基体中含量，因此他们认为影响耐腐蚀性能的主要原因是热处理改变了基体中合金元素的固溶含量。直到目前为止，对热处理影响 Zr-2 合金和 Zr-4 合金耐腐蚀性能的原因还没有探索清楚，有待进一步的研究。

含 Nb 新锆合金的显微组织与热处理制度之间的关系很复杂，研究热处理对其腐蚀行为的影响情况不能与研究 Zr-4 合金的方法相等同[69]，也就是说不能用累积退火参数 A 来衡量。

很多研究者的研究结果表明[24,70-77]：无论是含 Nb 的二元合金还是含 Nb 的三元合金，在 Nb 含量低于 0.6%（质量分数）时，热处理制度对锆合金的抗腐蚀性能的影响较小；当 Nb 含量高于 0.6%（质量分数）时，热处理制度对锆合金抗腐蚀性能的影响很明显；β-Zr 和

α-Zr 中过饱和 Nb 的存在都降低了锆合金的耐腐蚀性能；为了得到抗腐蚀性能高的锆合金，合金的退火温度必须低于 610℃，这样 β-Zr 会分解为 α-Zr 和 β-Nb，而过饱和存在的 Nb 析出形成细小、弥散分布的 β-Nb。锆合金的 Nb 含量不同，热处理对其腐蚀行为的影响程度不同，这是因为热处理过程中，β-Zr 的量、Nb 的过饱和含量、沉淀相的尺寸均在变化，而这些直接影响锆合金的耐腐蚀性能。然而，热处理制度到底是如何影响含 Nb 新锆合金的耐腐蚀性能的，这一问题还没有得到最终解决。

1.5 锆合金的腐蚀氧化

如果首先从无氧的单晶金属表面着手，气相氧化的初期阶段是氧分子与表面相碰撞、吸附、吸附分子溶解、最后氧原子与金属原子的换位而形成氧化层，于是完成了初期阶段，与表面平行的氧化薄层可能也是没有晶界的，那么由此可以考虑该层的加厚机理。锆合金表面会生成空气形成膜，其厚度在 2～5nm 之间变化[78-81]。锆合金氧化时，一部分氧溶解在锆基体，另一部分氧参与反应形成氧化锆。溶解在基体中的氧含量由氧化物的生长动力学和氧在基体中扩散动力学的平衡决定的[82]。由于不同合金之间氧溶于金属的差别远小于氧化物生长动力学的差别，所有温度下氧化很快的合金与氧化很慢的合金相比，其扩散曲线应较浅。然而在反应堆运行的温度条件下，对这些扩散曲线的测定能力受到限制。任何氧化速率的变化都会引起氧化膜下氧扩散深度的增加或减少，因此对氧化物生长动力学的准确了解有一定难度。

氧化物生长动力学一般由增重动力学得出，假设形成的氧化物是均匀的，而且全部保留在样品上。通过氧化锆的理论密度直接转换为厚度。$1\mu m$ 厚度的氧化物约等于 $15mg/dm^2$ 氧增重，不同锆合金的腐蚀动力学行为是通过此方法进行对比确定的。

一般来说，锆合金的氧化膜生长是均匀的。但是在反应堆内约 300℃的沸腾水以及温度≥450℃和压力≥5MPa 的蒸汽中氧化膜出现不均匀生长，称作疖状腐蚀，这种腐蚀规律不同于均匀腐蚀的规律。本书只对锆合金的均匀腐蚀进行研究，因此以下着重介绍锆合金均匀腐蚀行为。

1.5.1 锆合金均匀腐蚀的氧化动力学

由腐蚀增重转化为氧化膜厚度而给出的氧化物生长动力学必须遵循如下假设：

① 氧化膜具有氧化锆（ZrO_2）的理论密度；

② 不对氧在金属中的局部溶解做校正；

③ 在水化学条件下，不做吸氢校正；

④ 没有氧化物剥落、溶解等现象的产生，并且所有测得的增重都来自于氧的反应。

锆合金的腐蚀动力学分为转折前和转折后两个阶段[12,83,84]。

转折前腐蚀初期阶段的特征是增重速率低，增重动力学曲线是近似于立方或四次方的。这是因为氧化物晶粒很小，不能满足为应用该理论而要求的边界条件，氧化物的生长过程受到扩散过程的控制，是个不均匀生长过程，集中发生在氧化物晶界上[85,86]。氧化物是微晶结构，其平均晶粒尺寸最初随着氧化物厚度而增加[87]。对这一现象还没有完全一致的详细看法。尚未解决的意见分歧如一些最初的晶粒取向是否靠消耗其他晶粒而生长，相邻接的晶体层萌生和生长程度是否不同，压应力下氧化物完全由氧向内扩散及高的泊松比而形成的。

锆合金腐蚀过程中，柱状氧化锆晶体总是垂直于氧化物/金属界面而生长，与金属基体的取向无关。对晶粒生长和氧化物中织构的发展有两种主要的观点：第一种观点认为氧化物中的压应力是晶粒特定方向择优生长的驱动力，因为所观察到的柱状晶的方向总是使氧化物中的应力减到最小；而第二种观点认为所建立的应力对有效空位体积产生直接影响，从而直接影响到扩散系数；于是导致了晶粒生长。鉴于氧化锆膜生长时所出现的晶界扩散过程占优势，后一假设成立的可能性不大。也就是说织构中出现的氧化锆主要取向正是那些为使表面压应力最小而需要的取向[88-90]。对六方锆上单斜氧化锆一些可能的外延取向与实际剥离下来氧化膜所观察到的取向做了比较，发现只有最初形成的氧化膜是立方或者四方结构，然后再转变成单斜相时，这种预期的单斜相取向才能存在。Godlewski[91] 的研究结果证实了这一结论的正确性。

转折发生时氧化膜的厚度为 $2\sim3\mu m$，转折后腐蚀加速，动力学曲线为近似线性规律[12,83,84]。转折的发生说明氧化膜中已经出现裂纹或孔隙。认为有两种裂纹形成：一种裂纹是垂直于氧化物表面并且大多数可以穿过氧化物，这种裂纹多存在于角上或边上，其他地方不多见；另一种裂纹是在氧化物中形成网状的小孔，也有可能形成于晶界[82]。至于平行于表面的裂纹是否会形成，或者这种裂纹是否是金相制样过程中由于人为因素产生的，目前对这方面的分析研究尚不清楚。

Zr-Nb 合金的腐蚀动力学没有出现腐蚀转折，也没有清楚的立方-线性的腐蚀动力学转变，而是近似于抛物线-线性动力学。表明了氧化开始的氧化物中孔隙缓慢发展，这样保留了氧化物阻挡层而使其最终达到一个有限厚度。

1.5.2 氧化过程

锆合金开始腐蚀时氧化速度很慢，在表面形成一层很薄的阻挡层，这层氧化膜结构致密，对锆合金有一定的保护作用，也就是说可以抑制锆合金的进一步腐蚀，因此也被称作保护层，主要由在高温高压下才稳定的四方氧化锆组成。随后，氧化膜/介质界面处的氧离子向氧化膜内部扩散，在氧化膜/金属界面上与锆结合成氧化锆[92]。

目前研究者对锆合金氧化膜生长的理论还没有一致的认识，其中一种理论是 Wagner 的阴离子空位扩散机理[1]。该理论认为氧化膜的生长是氧离子向氧化膜内部扩散和电子向外扩散的统一过程。

锆的氧化机理如图 1-3 所示[92]。

还有一种理论[93]认为氧离子主要是通过晶界扩散，最近的一些研究支持了该理论。

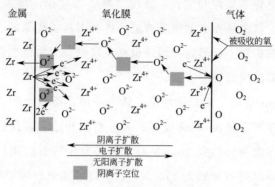

图 1-3 锆的氧化机理示意[92]

1.5.3 锆合金的腐蚀机理

锆合金在高温高压水和蒸汽中腐蚀时，氧化膜结构不断发生变化，因此伴随着裂纹和孔洞的形成，微裂纹进一步发展成为粗裂纹的成核核心，氧化膜结构变疏松，腐蚀加速。

锆合金在含锂水中的腐蚀机理有很多种说法，主要理论如下。

（1）扩散假说

Li^+ 进入氧化锆晶格后替代了 Zr^{4+}，因而产生了附加的阴离子空位，这使得氧扩散速率增加，从而加速了腐蚀；或者 Li^+ 进入氧化锆薄膜后影响了再结晶过程，这使得晶界区增加，氧化物中孔洞和裂纹的形核增多，从而使阴离子空位的扩散通道增加，加速腐蚀速率。目前这种假设还不能彻底解释腐蚀加速过程。

（2）Cox 的溶解假说

立方或四方 ZrO_2 晶粒在 LiOH 溶液中择优溶解，Li 增加了深入到阻挡层的孔洞的数量，因而在氧化膜中出现了成排的大孔洞，进而 LiOH 进一步渗入孔洞中，通过 ZrO_2 的溶解而使孔洞扩大。这种假设不能解释为何溶解的 ZrO_2 会不断地从内向外运送的问题，因此也不能彻底解释腐蚀加速的原因。

（3）OLi 团阻碍假说

该假说认为未溶解的 LiOH 分子与氧化膜表面阴离子空位反应形成了腐蚀表面的 Zr-OLi 原子团，这些原子团沿着阴离子空位移至氧化锆晶界上，阻碍了晶粒的生长，延缓了再结晶过程，增加了晶界的数量，从而保留了很多晶界区的供氧通道，或者引起了孔隙的产生，增加了阴离子的短路扩散。显然这种假设也存在着一些无法证实的缺陷。

（4）阻挡层假说

Pecheur 提出了阻挡层理论，认为一层具有致密四方氧化锆结构的保护层存在于在金属/氧化膜界面处。腐蚀开始时，保护层厚度不断增加，最大厚度可以达到 $1\mu m$ 左右，腐蚀发生转折后阻挡层厚度不断减薄，最小厚度可减薄到 $1.1\mu m$。锆合金腐蚀速率的增加与阻挡层的破坏有关，但是这种假设没有明确 Li 是如何使阻挡层减薄并失去保护作用的。

（5）相变假说

锆合金腐蚀过程中，LiOH 溶液使氧化膜中的压应力降低，由于具有保护性的四方相主要由压应力稳定的，因此致密的四方相转变为疏松多孔的单斜相，导致腐蚀速率增加。该假说也存在一定的缺陷，无法对腐蚀过程中氧化膜内压应力降低的原因加以合理说明。

1.5.4　氧化膜组织结构

锆合金腐蚀后的氧化膜大致可分为三层，即内层、中间层和外层。

① 氧化膜内层主要由亚稳定的四方、立方晶体结构甚至非晶相组成，这个时候氧化膜结构致密完整，几乎没有裂纹孔洞产生。

② 氧化膜中间层，亚稳的立方氧化锆和四方氧化锆会由于压应力的释放而不再稳定，最终不断转化成单斜氧化锆，相变过程伴随有裂纹和孔洞的形成；中间层由四方相和单斜相的混合相组成。

③ 氧化膜外层孔洞较大，结构主要以单斜相结构为主。

1.6　有关锆合金堆外耐腐蚀性能的研究小结

目前，堆外研究最多的是加工工艺—材料组织特征—堆外腐蚀性能三者的关系。前二者可以归结为材料的冶金因素。从目前研究状况来看，尽管对腐蚀机理进行了半个多世纪的研究，但对一些成熟合金 Zr-

2、Zr-4、Zr-1Nb 等的腐蚀机理仍没有很清楚的认识，这也是锆合金腐蚀机理学研究一直在进行的原因。对第三代锆合金耐腐蚀性能及机理方面的系统研究还有待深入展开。

本书主要从以下几方面对研究内容进行总结：

① 研究基体显微组织（基体中合金元素含量及第二相粒子种类和分布）对锆合金腐蚀行为的影响；

② 研究氧化膜显微组织（相转变及应力分布）对锆合金腐蚀行为的影响；

③ 采用两种水化学条件研究锆合金的腐蚀行为，考核其腐蚀性能。

④ 对石墨烯作金属材料防腐涂层进行初步探索性研究，旨在找到一种新型的锆合金表面的防腐涂层。

上述 4 个方面的研究并非孤立进行的，而是相互之间有着密切联系。了解合金元素在锆合金中的存在状态和形式以及第二相粒子的存在情况对锆合金腐蚀行为的影响，可以为发展新锆合金时选择合金元素提供有价值的参考，并为优化锆材的成型工艺，控制材料的显微组织提供依据；了解氧化膜晶体组织结构与腐蚀行为的关系，为改善锆合金的耐腐蚀性能，进一步探索锆合金腐蚀机理奠定基础；研究水化学条件与锆合金耐腐蚀性能的关系，对优化反应堆内的水化学环境，延长反应堆寿命具有一定的指导意义；研究石墨烯对金属材料耐腐蚀性能的改善情况，可以为锆合金表面新型防腐涂层的开发研究提供实验基础和理论指导，最终有望实现石墨烯涂层对锆合金表面的完全保护。

本书共 9 章，内容结构及框架为：

第 1 章主要介绍了核电产业发展的历史、锆合金的堆外腐蚀性能研究方面的概况，提出了包壳材料锆合金在核反应堆应用中存在的问题；

第 2 章详细介绍了本研究选用的实验材料、实验条件、实验设备以及测试方法等；

第 3 章研究不同成分的锆合金在 360℃ 纯水、360℃ 含锂水和 400℃ 蒸汽中的腐蚀动力学；

第 4 章研究基体显微结构，即基体中合金元素含量、分布以及第二相粒子状态对腐蚀性能的影响；

第 5 章研究氧化膜晶体组织结构转变对腐蚀性能的影响情况；

第 6 章研究氧化膜内压应力大小及变化情况与锆合金耐腐蚀性能的关系；

第 7 章探讨含 Nb 新合金的腐蚀机理，并建立了腐蚀机理模型；

第 8 章对石墨烯作金属材料防腐涂层以及锆基底石墨烯防腐涂层的生长进行了探索性研究；

第 9 章是总结与趋势展望。

参考文献

[1]　杨文斗. 反应堆材料学 [M]. 北京：原子能出版社，2006.

[2]　周邦新. 改善锆合金耐腐蚀性能的概述 [J]. 金属热处理学报，1997，18（3）：8-15.

[3]　2006 年中国核电行业分析及投资咨询报告 [R].

[4]　中国工程院能源与矿业工程学部. 能源发展战略及"十一五"的重点咨询研究报告 [R]. 2004. 12.

[5]　陈维敬，丁玉佩. 中国电力百科全书：核能及新能源发电卷 [M]. 北京：中国电力出版社，1995.

[6]　Keams J J. Terminal solubility and partitioning of hydrogen in the alpha phase of zirconium，Zircaloy-2 and Zircaloy-4 [J]. J. Nucl. Mater，1967，22：292-303.

[7]　卡恩 R W，哈森 P，克雷默 E J. 核应用中的锆合金 [M]. "材料科学与技术"丛书——核材料（10B卷）. 周邦新等译. 北京：科学出版社，1999：1-45.

[8]　Perryman E C W. Pickering pressure tube cracking experience [J]. Nucl. Energy，1978，17：95.

[9]　Simpson C J. Ells C E. Delayed hydrogen embrittlement in Zr-2.5Nb% [J]. J. Nucl. Mat.，1974，52：289.

[10]　周邦新，郑斯奎，汪顺新. Zr-2 合金中应力和应变诱发氢化锆析出过程的电子显微镜原位研究 [J]. 金属学报，1989，25：A190-195.

[11]　周邦新，姚美意等. 氧化-氢化引起的锆合金焊接件开裂问题 [J]. 核动力工程，2006，27（1）：34-36.

[12]　Lustman B，Kerze F. The metallurgy of Zirconium [M]. New York：McGraw Hill，1955.

[13]　Holt R A，Causey A R. The effects of intergranular constraints on irradiation growth of Zircaloy-2 at 320K [J]. J. Nucl. Mater.，1987，150：306-318.

[14]　陈鹤鸣，马春来，白新德. 核反应堆材料腐蚀及其防护 [M]. 北京：原子能出版社，

1984：188-235.

[15] 杨文斗. 反应堆材料学 [M]. 北京：原子能出版社，2006：259-289.

[16] Charquet D，Hahn R，Ortlieb E，Gros J P，Wadier J F. Solubility limits and formation of intermetallic precipitates in Zr-Sn-Fe-Cr alloys [C]. Zirconium in the Nuclear Industry：8th Int. Symp. ，ASTM-STP-1023，American Society for Testing and Materials，W. Conshohocken，PA. 1989：405-422.

[17] Charquet D，Alheritiere E. Second phase particles and matrix properties on Zircaloys [R]. Proc. workshop on second phase particles in Zircaloys，Erlangen FRG，Kern Tech. Gesell，1985：5-11.

[18] Shcbaldov P V，Perregud M M，et al. E110 alloy cladding tube properties and their interrelation with alloy structure-phase condition and impurity content [C]. Zirconium in Nuclear Industry：Twelfth International Symposium，ASTM-STP-1354，2000：545-559.

[19] Mardon J P，Charquet D，Senevat J. Influence of composition and fabrication process on out-of-pile and in-pile properties of M5 alloy [C]. Zirconium in the Nuclear Industry：Twelfth International Symposium，ASTM-STP-1354，2000：505-524.

[20] Warr，B D，van Der Heide P A W，Maguire M A. Oxide characteristics and corrosion and hydrogen uptake in Zr-2. 5Nb CANDU pressure tubes [C]. Zirconium in the Nuclear Industry：Eleventh International Symposium，ASTM-STP-1295，1996：265-291.

[21] Chakravartty J K，et al. Characterization of hot deformation behaviour of Zr-2. 5Nb-0. 5Cu using processing maps [J]. J. Nucl. Mater. ，1995，218：247.

[22] Williams C D，Gilbert R W. Tempered structure of a Zr-2. 5％Nb alloy [J]. J. Nucl. Mater. ，1966，18：161-166.

[23] Cheadle B A，Aldridge S A. Transformation and age hardening behaviour of Zr-19％Nb [J]. J. Nucl. Mater. ，1973，47：255-258.

[24] Choo K N，Kang Y H，Pyun S I，et al. Effect of composition and heat treatment on the microstructure and corrosion behavior of Zr-Nb alloys [J]. J. Nucl. Mater. ，1994，209：226-235.

[25] Sabol G P，Kilp G R，Balfour M G，et al. Development of a cladding alloy for higher burnup [C]. Zirconium in the Nuclear Industry：Eighth International Symposium，ASTM-STP-1023，1989：227-244.

[26] Sabol G P，Comstock R J，Weiner R A，et al，In-reactor corrosion performance of ZIRLO^{TM} and Zircaloy-4 [C]. Zirconium in the Nuclear Industry：Tenth International Symposium，ASTM-STP-1245，1994：724-744.

[27] Comstock R J，Schoenberger G，Sable G P. Influence of processing variables and alloy chemistry on the corrosion behavior of ZIRLO nuclear fuel cladding [C]. Zirconium in

the Nuclear Industry：Eleventh International Symposium，ASTM-STP-1295，1996：710-725.

[28] Sabol G P. ZIRLO^{TM}-An alloy development success [C]．Zirconium in the Nuclear Industry：Fourteenth International Symposium，ASTM-STP-1467，2004：3-24.

[29] Nikulina A V，Markelov V A，Peregud M M，et al. Zirconium alloy E635 as a material for fuel rod cladding and other components of VVER and RBMK cores [C]．Zirconium in the nuclear induslry：Eleventh Internationals Symposium，ASTM-STP-1295，1996：785-804.

[30] （日）鸟语正男等. 加压水轻水水炉（PWR）燃料 [J]. 原子力工业，1993，39（5）：40.

[31] Jeong Y H，et al. Development of high corrosion resistance zirconium alloys [C]．Technical Meeting on Behavior of High Corrosion Resistance Zr-based Alloys，The National Library，Buenos Aires，Argentina. 2005：24-27.

[32] 刘建章. 国内核动力堆用锆合金的研究动向 [J]. 稀有金属材料与工程，1990，6：32-35.

[33] 郑杰，牛惠玲等. Zr-4 合金工艺改进的研究 [J]. 稀有金属，1995，19（4）：260-263.

[34] 李佩志，邝用庚等. Nb 含量对锆合金腐蚀性能的影响 [C]. 96 中国材料研讨会，生物及环境材料，Ⅲ-2. 北京：化学工业出版社，1997：179-182.

[35] 周邦新，郑斯奎，汪顺新. 真空电子束焊接对锆-2 合金熔区中成分、组织及腐蚀性能的影响 [J]. 核科学与工程，1988，8（2）：130-137.

[36] 周邦新，赵文金等. 新锆合金的研究 [C]. 96 中国材料研讨会，生物及环境材料，Ⅲ-2. 北京：化学工业出版社，1997：183-186.

[37] 周邦新，Zr-Sn-Nb 系合金的显微组织研究 [C]. 96 中国材料研讨会，生物及环境材料，Ⅲ-2. 北京：化学工业出版社，1997：187-191.

[38] 周邦新，李强，黄强等. 水化学对锆合金耐腐蚀性能影响的研究 [J]. 核动力工程，2000，21（5）：439-447.

[39] 周邦新，赵文金，蒋有荣等. Zr-4 合金元素的表面偏聚 [J]. 核动力工程，1998，19（6）：506-508.

[40] 赵文金，苗志，蒋宏曼等. Zr-Sn-Nb 合金的腐蚀行为研究 [J]. 中国腐蚀与防护学报，2002，22（2）：124-128.

[41] 李佩志，李中奎等. 合金元素对 Zr.-Nb 合金耐蚀性能的影响 [J]. 稀有金属材料与工程，1998，27（6）：356-359.

[42] 李中奎，刘建章等. 新锆合金在两种不同介质中的耐蚀性能 [J]. 稀有金属材料与工程，1999，28（2）：101-104.

[43] 朱梅生，刘建章等. 8♯新锆合金的组织与耐蚀性能的研究 [J]. 稀有金属材料与工程，1996，25（4）：34-38.

[44] 邝用庚. Zr-Nb 系合金耐蚀性能研究 [J]. 稀有金属材料与工程，1995，24（3）：41-45.

[45] 刘文庆，合金元素及水化学对锆合金耐腐蚀性能影响的研究 [D]. 上海：上海大学，2002.

[46] 李中奎，刘建章等. 合金元素对 Zr-Sn-Fe-Cr-Nb 合金性能的影响 [J]. 稀有金属材料与工程，1996，25（5）：43-48.

[47] 姚美意. 合金成分及热处理对锆合金腐蚀和吸氢行为影响的研究 [D]. 上海：上海大学，2007.

[48] Broy Y, Garzarolli F, Seibold A, et al. Influence of transition elements Fe, Cr, and V on long-time corrosion in PWRs [C]. Zirconium in the Nuclear Industry: Twelfth International Symposium, ASTM-STP-1354, 2000: 609-622.

[49] Sabol G P, Comstock R J and Nayak U P. Effect of dilute alloy additions of Mo, Nb, V on zirconium corrosion [C]. Zirconium in the Nuclear Industry: Twelfth International Symposium, ASTM-STP-1354, 2000: 524-544.

[50] Hong H S, Moon J S, et al. Investigation on the oxidation characteristics of copper-added modified Zircaloy-4 alloys in pressurized water at 360℃ [J]. J. Nucl. Mater., 2001, 297: 113-119.

[51] Eueken C M, Finden P T, et al. Influence of chemical composition on uniform corrosion of zirconium-base alloys in autoelave tests [C]. Zirconium in the Nuclear Industry: Eighth International Symposium, ASTM-STP-1023, 1989: 113-127.

[52] Garzarolli F, Broy Y and Busch R A. Comparison of the long-time corrosion behavior of certain Zr alloys in PWR, BWR, and laboratory [C]. Zirconium in the nuclear industry: Eleventh International Symposium, ASTM-STP-1295, 1996: 850-864.

[53] Graham R A, Tosdale J P and Finden P T. Influence of chemical composition and manufacturing variables on autoclave corrosion of the Zircaloys [C]. Zirconium in the Nuclear Industry: Eighth International Symposium, ASTM-STP-1023, 1989: 334-345.

[54] Harada M, KimPara M and Abe K. Effect of alloying elements on uniform corrosion resistance of zirconium-based alloys in 360℃ water and 400℃ steam [C]. Zirconium in the Nuclear Industry: Ninth Internationals Symposium, ASTM-STP-1132, 1991: 368-391.

[55] Isobe T and Matsuo Y. Development of highly corrosion resistant zirconium-based alloys [C]. Zirconium in the Nuclear Industry: Ninth International Symposium, ASTM-STP-1132, 1991: 346-367.

[56] Isobe T, Matsuo Y and Mae Y. Micro-characterization of corrosion resistant zirconium-based alloys [C]. Zirconium in the Nuclear Industry: Tenth International Symposium, ASTM-STP-1245, 1994: 437-449.

［57］ Park J Y, Choi B K, et al. Corrosion behavior of Zr alloys with a high Nb content ［J］. J. Nucl. Mater. , 2005, 340: 237-246.

［58］ Yueh H K, Kesterson R L, Comstock R J, et al. Improved ZIRLO^{TM} cladding performance through chemistry and process modifications ［C］. Zirconium in the Nuclear Industry: Fourteenth International Symposium, ASTM-STP-1467, 2004: 330-346.

［59］ Steinberg E, Weidinger H G and Schaa A. Analytical approachs and experimental verification to describe the influence of cold work and heat treatment on the mechanical properties of Zircaloy cladding tubes ［C］. Zirconium in the Nuclear Industry: Sixth Internationals Symposium, ASTM-STP-824, 1984: 106-122.

［60］ Cox B. Some thoughts on the mechanisms of in-reactor corrosion of zirconium alloys ［J］. J. Nucl. Mater. , 2005, 336: 331-368.

［61］ Garzarolli G, Steinberg E, Weiginger H G. Microstructure and corrosion studies for PWR and BWR Zircaloy cladding ［C］. Zirconium in the Nuclear Industry: Eighth International Symposium, ASTM-STP-1023, 1989: 202-212.

［62］ Thorvaldsson T, Andersson T, et al. Corrosion between 400℃ steam corrosion behavior, heat treatment and microstructure of Zircaloy-4 tubing ［C］. Zirconium in the Nuclear Industry: Eighth International Symposium, ASTM-STP-1023, 1989: 128-140.

［63］ Franklin D G and Lang P M. Zirconium-alloy corrosion: a review based on an international atomic energy agency (IAEA) meeting ［C］. Zirconium in the Nuclear Industry: Ninth International Symposium, ASTM-STP-1132, 1991: 3-32.

［64］ Foster P, Dougherty J, Burke M G, et al. Influence of final recrystallization heat treatment on Zircaloy-4 strip corrosion ［J］. J. Nucl. Mater. , 1990, 173 (2): 164-178.

［65］ Wadman B, Andrén H Q. Direct measurement of matrix composition in Zircaloy-4 by atom probe microanalysis ［C］. Zirconium in the Nuclear Industry: Eighth International Symposium, ASTM-STP-1023, 1989: 423-434.

［66］ Garzarolli F, Schumann R, Steinberg E. Corrosion optimized zircaloy for boiling water reactor (BWR) fuel elements ［C］. Zirconium in the Nuclear Industry: Tenth International Symposium, ASTM-STP-1245, 1994: 709-723.

［67］ Zhou B X, Zhao W J, Miao Z, et al. The effect of heat treatment on the corrosion behavior of Zircaloy-4 ［R］. China Nuclear Seience and Technology Report, CNIC-01074, SINRE-0066, Beijing: China Nuclear Information Centre Atomic Energy Press, 1996.

［68］ Li C, Zhou B X, et al. Determination of Fe and Cr content in α-Zr solid solution of Zircaloy-4 with different heat-treated states ［J］. J. Nucl. Mater. , 2002, 134-138.

［69］ Kim J M, Jeong Y H, Jung, Y H. Correlation of heat treatment and corrosion behavior of Zr-Nb-Sn-Fe-Cu alloys ［J］. J. Mater. Proc. Tech. , 2000, 104: 145-149.

[70] Sabol G P, Comstock R J, Nayak U P. Effect of dilute alloy additions of Molybdenum, Niobium, and Vanadium on Zirconium corrosion [C]. Zirconium in the Nuclear Industry: Twelfth Internationals Symposium, ASTM-STP-1354, 2000: 525-544.

[71] 刘文庆，李强，周邦新等. 热处理制度对 N18 新合金耐腐蚀性能的影响 [J]. 核动力工程，2005，26（3）：249-253.

[72] Jeong Y H, Lee K O, Kim, H G. Correlation between microstructure and corrosion behavior of Zr-Nb binary [J]. J. Nucl. Mater. , 2002, 302: 9-19.

[73] Jeong Y H, Kim H G, Kim T H. Effect of β phase, precipitate and Nb-concentration in matrix on corrosion and oxide characteristics of Zr-xNb alloys [J]. J. Nucl. Mater. , 2003, 317: 1-12.

[74] Jeong Y H, Kim H G, Kim D J. Influence of Nb concent ration in the α-matrix on the corrosion behavior of Zr-xNb binary alloys [J]. J. Nucl. Mater. , 2003, 323: 72-80.

[75] Kim H G, Jeong Y H, Kim T H. Effect of isothermal annealing on the corrosion behavior of Zr-xNb alloys [J]. J. Nucl. Mater. , 2004, 326: 125-131.

[76] Li Z K, Zhou L, Zhao W J, et al. Effect of intermediate annealing on out-of pile corrosion resistance of zirconium-based alloy [J]. 稀有金属材料与工程，2001，30（增刊 1）：52-54.

[77] 刘文庆，李强，周邦新等. 显微组织对 ZIRLO 锆合金耐腐蚀性的影响 [J]. 核动力工程，2003，24（1）：33-36.

[78] Komarek K L, Silver M. Thermodynamic properties of Zirconium-oxygen, Titanium-oxygen and Hafnium-oxygen alloys [R]. Thermodynamics of nuclear materials, Proc. Int. Conf. , IAEA, Vienna, 1962: 749-774.

[79] Zhang C S, Flinn B J, Mitchell I V, et al. The intial oxidation of Zr (0001), 0 to 0.5 monolayers [J]. Surf. Sci. , 1991, 245: 373-379.

[80] Tapping R L. X-ray photoelectron and ultraviolet photoelectron studies of the oxidation and hydriding of zirconium [J]. J. Nucl. Mater. , 1982, 107: 151-158.

[81] Amsel G, David D, Beranger G, et al. Analyse a l' aide d' une methode nucleaire des impuretes introduites dans les metaux par leurs preparations d' etat de surface: application au zirconium [J]. J. Nucl. Mater. , 1969, 29: 144-153.

[82] Cox B. Oxidation of Zirconium and its alloys [R]. Ady. in Corr. Sci. and Tech. , Vol. 5, (Fontana M. G, Staehle R. W. , Eds.), Plenum NY, 1976: 173-391.

[83] Kass S. The development of the zircaloys. Corrosion of Zirconium Alloys [R]. ASTM-STP-368, American Society for Testing and Materials, W. Conshohocken, PA. 1964: 3-27.

[84] Cox B. Recent development in zirconium alloy corrosion technology [R]. Progress in

Nuclear Energy，Series IV，Technology，Engineering and Safety，Vol. 4，Ch. 3-3，（Nicholls C. M. ，Ed. ），Pergamon，Oxford，1961：166-188.

[85] Cox B，Roy C. Transport of oxygen in oxide films on Zirconium determined by the nuclear reaction O^{17} （He^3 ，α) O^{16} [J] . Electrochem. Tech. ，1966，4：121-127.

[86] Cox B，Pemsler J P. Diffusion of oxygen in growing zirconia films [J] . J. Nucl. Mater. ，1968，28：73-78.

[87] Ploc R A. Transmission of electron microscopy of thin （＜200nm）thermally formed ZrO_2 films [J] . J. Nucl. Mater. ，1968，28：48-60.

[88] David G，Geschier R，Roy C. Etude de la croissance de l' oxyde sur le Zirconium et le Zircaloy-2 [J] . J. Nucl. Mater. 1971，38：329-339.

[89] Ploc R A. Electron diffraction analysis of ZrO_2 on α-Zr （1120）[J] . J. Nucl. Mater. ，1983，113：75-80.

[90] Ploc R A. A theoretical treatment of Zr/ZrO_2 epitaxy [R] . Can. Rep. AECL 2751，Atomic Energy of Canada Ltd. ，Chalk River Nuclear Laboratories，1967.

[91] Godlewski J. How the tetragonal zirconia is stabilized in the oxide scale formed on zirconium alloys corroded at 400℃ in steam [C] . Zirconium in the Nuclear Industry：10th Int. Symp. ，ASTM-STP-1245，（Garde AM，Bradley ER，Eds. ），Alnerican Society for Testing and Materials，W. Conshohocken PA. 1994：663-683.

[92] 陈鹤鸣，马春来等. 核反应堆材料腐蚀及其防护 [M]. 北京：原子能出版社，1984.

[93] 黄强 . 锆合金耐腐蚀性能研究综述 [J]. 核动力工程，1996，17：262.

第**2**章　▶▶▶▶▶

锆合金腐蚀性能的研究方法

选用 NZ2、NZ8 两种锆合金为研究对象，通过一定的加工及热处理样品，在静态高压釜中研究它们在不同水化学条件下的腐蚀行为。通过研究腐蚀增重、合金显微组织变化、腐蚀生成氧化膜的显微组织以及氧化膜内相含量、应力等内容，了解 Nb 的添加以及氧化膜显微结构对腐蚀性能的影响。

2.1　实验材料

实验样品是西北有色金属研究院新材料所生产的厚度为 1mm 厚板材，表 2-1 列出了两种新锆合金以及对比实验用的 Zr-4 合金的名义成分。Zr-4 属于 Zr-Sn 系锆合金，已被成功应用于反应堆。NZ2 和 NZ8 是西北有色金属研究院自主研发的 Zr-Sn-Nb 系新型合金。与 Zr-4 相比，NZ2 合金中添加了少量 Nb，同时 Sn 含量有所下降。而 NZ8 合金是在 NZ2 合金的基础上增加了含 Nb 量，并去掉了 Cr 元素，NZ8 合金的成分与 ZIRLO 合金和 E635 合金的成分相近。

表 2-1　3 种合金的名义成分　　单位:%（质量分数）

合金	Sn	Nb	Fe	Cr	O	Zr
Zr-4	1.5	—	0.2	0.1	—	剩余
NZ2	1.0	0.3	0.3	0.1	0.08~0.14	剩余
NZ8	1.0	1.0	0.3	—	0.08~0.14	剩余

板材实验样品是经过下述工艺流程得到的：

三次真空自耗熔炼—β 锻造—β 淬火—α 热轧（＜600℃）—三次中间退火及每次退火后的 30％～50％的冷加工—成品板材（δ＝1mm）及最终再结晶退火（580℃/2h）。

三次中间退火工艺参数列于表 2-2。

表 2-2   三次中间退火工艺参数

第一次中间退火	第二次中间退火	第三次中间退火
650℃/2h	590℃/2h	590℃/3h

2.2   高压釜腐蚀实验

作为反应堆中燃料元件的包壳材料，锆合金的一个重要作用是将核燃料裂变时释放的热能传递给冷却介质，其内表面在 400℃下与裂变产物接触，外壁受 280～350℃高温高压水的腐蚀，锆合金的耐水侧腐蚀性能是衡量其使用性能的最关键因素。而研究锆合金水侧腐蚀性能的主要方式是通过高压釜腐蚀条件来模拟核反应堆内的腐蚀条件。将合金进行一定热处理获得的样品经酸洗和去离子水洗后，放入静态高压釜中腐蚀，每隔一段时间降温并打开高压釜，取样并称腐蚀导致的增重，增重值为 5 个样品的平均值。

2.2.1   腐蚀条件

将得到的再结晶板材分别取腐蚀挂片试样（25mm×15mm×1mm），按相应的检测标准进行 360℃/18.6MPa 纯水、360℃/18.6MPa 含 $70×10^{-6}$ 锂的 LiOH 水和 400℃/10.3MPa 蒸汽的高压釜腐蚀实验。

2.2.2   高压釜实验中用到的仪器

（1）高压釜

实验中的高压釜容积为 2L，耐压为 30MPa，同时配备量程为 40MPa 的压力表、排气阀和防爆片等辅助设备。

（2）控温仪

采用数显式可控硅电炉温度控制仪实现对温度的控制，精度可达到 $\pm1℃$；温度的测量采用镍铬-镍硅热电偶进行。

（3）称重

用精度高达 0.01mg 的电子天平称量样品的质量。

（4）样品尺寸的测量

样品的尺寸通过游标卡尺测定，仪器精度是 0.02mm、量程是 0～250mm；样品的厚度使用精度为 0.01mm 的螺旋测微仪测量。

（5）水质的监控

为了确保水质符合使用要求，通过电导仪对去离子水进行监控。

2.2.3　表示腐蚀程度的方法

采用间断性实验，每隔一段时间取一次样品，以获得样品在不同腐蚀时间的增重，最后以腐蚀增重与腐蚀时间的关系对合金腐蚀性能进行评价。腐蚀程度的表示是通过测量单位面积内样品腐蚀增重的方法来实现的。腐蚀增重的计算公式是：

$$w_t = 1000(W_t - W_0)/S$$

式中　W_0——样品腐蚀前质量，mg；

　　　W_t——样品腐蚀一定时间 t 后的质量，mg；

　　　S——样品表面积，mm^2；

　　　w_t——腐蚀时间为 t 时的增重，mg/dm^2。

2.2.4　高压釜实验样品的制备

① 将热处理后的样品切成 25mm×15mm 大小；

② 用钢字在试样上打标记，并用 $\varphi1.5mm$ 的钻头钻一个孔；

③ 用丙酮溶液将试样表面的杂物、油污等清洗干净；

④ 将试样浸泡在温度为 30～50℃ 的酸液中酸洗，直到试样表面均匀且光亮。其中不含 Nb 的锆合金样品用 10%HF＋45% HNO_3＋45% H_2O（体积分数）溶液酸洗，含 Nb 的锆合金样品用 10%HF＋40% HNO_3＋10% H_2SO_4＋40% H_2O（体积分数）溶

液酸洗。

⑤ 将酸洗后的试样放入装有流动自来水的烧杯中冲洗约 20min；

⑥ 随后再将试样放入沸腾的去离子水中清洗 3 次；

⑦ 试样清洗干净后，将其放入烘箱中烘干；

⑧ 将烘干后的试样用电子天平称重，测量值精确到 0.01mg；

⑨ 试样的长度和宽度通过用游标卡尺测量，而试样厚度通过螺旋测微仪进行测量。

2.3 分析与测试

2.3.1 合金样品的显微组织及第二相观察

透射电子显微镜（TEM）是目前广泛使用的一类电镜，它是以短波长的电子束作为照明源，利用电磁透镜聚焦成像的电子光学仪器。透射电子显微镜是材料显微结构分析的常用手段，透射电子是由直径很小（<10nm）的高聚焦的高能电子束轰击处于真空中的薄膜样品时产生的，透射电子信号由微区的厚度、成分和晶体结构来决定。因此可以利用它来进行薄膜样品的微区组织形貌的观察、晶体缺陷分析和晶体结构测定。透射电子显微镜具有高图像分辨率、可以实现微区物相分析、获得丰富立体的信息等特点，但是其对样品的制备要求比较高，且样品的制备具有破坏性、真空条件要求高、采样率低等特点。本研究采用 JEM-200CX 透射电子显微镜观察锆合金样品基体的显微组织及第二相粒子尺寸和分布情况。透射电镜的样品制备非常复杂，先将合金样品机械减薄到 $70 \sim 80 \mu m$，再用专门的工具冲成 $\phi 3mm$ 的小圆片，通过双喷式电解抛光制备最终的薄样品，实验中使用的电解抛光液是 10% 过氯酸酒精溶液，温度是 $-40^{\circ}C$，电压是 $40 \sim 50V$。并用透射电镜的能谱附件分析第二相粒子的成分。

2.3.2 氧化膜组织结构和内应力的观察

为了研究含 Nb 新锆合金耐腐蚀性能机制，使用了大量常规的测试方法,以分析 NZ2、NZ8 合金腐蚀后氧化膜的成分与微观结构的变化。这些分析方法主要有 X 射线衍射仪(XRD)、激光拉曼光谱仪、中子衍射、扫描电子显微镜(SEM)等。

(1) X 射线衍射仪

X 射线衍射基本原理主要是基于布拉格方程,目前除了用来研究微观结构外,已经成为一门应用广泛的实用科学。其在物理、化学、化工、机械、材料、医药、食品等各方面都有应用,而在材料科学中的应用主要有 4 个,即晶体结构的研究、物相分析、精细结构的研究、单晶体取向及多晶结构的测定。本研究中,X 射线与晶体相互作用产生衍射,通过分析衍射线的峰位及强度,可以确定材料的相结构;通过分析单斜氧化锆峰位偏移情况,可确定氧化膜内应力的大小及种类。采用西门子 PW3830 型小角度 X 射线衍射仪(Fe 靶,$\lambda_{k\alpha}=1.93637\text{Å}$,$1\text{Å}=10^{-10}\text{m}$,下同)测试氧化膜外表层的相结构。采用西门子 PW3830 型常规 X 射线衍射仪(Cu 靶,$\lambda_{k\alpha}=1.544426\text{Å}$)测试整个氧化膜内的相结构,同时氧化膜内部的应力情况也是在这个仪器上完成的。

(2) 激光拉曼光谱仪

拉曼光谱法是研究化合物分子受光照射后所产生的散射,散射光与入射光能级差和化合物振动频率、转动频率的关系的分析方法。与红外光谱类似,拉曼光谱是一种振动光谱技术。所不同的是,前者与分子振动时偶极矩变化相关,而拉曼效应则是分子极化率改变的结果,被测量的是非弹性的散射辐。拉曼光谱的优点在于它的快速、准确,测量时通常不破坏样品(固体、半固体、液体或气体),样品制备简单甚至不需样品制备。谱带信号通常处在可见光或近红外光范围,可以有效地和光纤联用。这也意味着谱带信号可以从包封在任何对激光透明的介质(如玻璃、塑料内或水)中获得。拉曼光谱可提供任何分子中官能基团的结构信息,因此可用来进行结构解析。

激光拉曼光谱法由于其可以定性和定量的鉴定、研究物质,在材料领域得到了广泛应用。激光拉曼光谱基本原理如图 2-1 所示,当一束入射频率为 ν_0 的光照射到样品上时,散射出来的光线一共分为 3 种。瑞

利散射频率为 ν_0，瑞利散射两边分别为斯托克斯拉曼散射和反斯托克斯拉曼散射，其中频率较小的为斯托克斯线，其频率为 $\nu_0-\nu$；频率较大的为反斯托克斯线，其频率为 $\nu_0+\nu$；频率与入射光频率 ν_0 相同的谱线即为瑞利散射光谱。

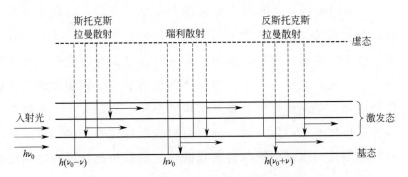

图 2-1　激光拉曼光谱中不同频率的散射光线

一般情况下，物质中的绝大多数分子都处于基态，只有少数分子处于激发态，因此当入射光照射到样品上时散射出的绝大多数射线为斯托克斯线。所以在测试这类样品时，斯托克斯线成为研究拉曼位移的重要窗口。而拉曼位移的特殊之处在于其大小与照射的入射光频率大小无关，只与基态与激发态之间的宽度即分子能级有关，因此每种物质都有不同的拉曼位移。

通过利用拉曼效应以及拉曼位移和拉曼谱线的特点，可定性和定量地分析样品的结构和组分浓度，如由于物质分子中化学键振动方式的不同，拉曼光谱特征峰的位置、线宽以及强度将会有所差异，这些信息包含在拉曼光谱各个峰的高、宽、面积、形状以及位置中，从而依据不同物质的拉曼光谱可以推断出该物质的分子结构和组成。激光拉曼光谱具有对样品没有接触、没有损伤、快速分析以及可在不同高低温或高压条件下准确测量的优点。

本书采用中科院物理所的 JY-T64000 型激光拉曼光谱仪，对腐蚀样品氧化膜进行不同厚度处的晶体结构测定，以便确定腐蚀过程中氧化膜的相转变情况。

（3）中子衍射仪

中子衍射是指德布罗意波长约为 1Å 的中子（热中子）通过晶

态物质时发生的布拉格衍射。中子衍射法是研究物质结构的重要手段之一，它能得到其他手段不能获取的结构体应变状态信息，将工程师的梦想变成现实。中子衍射和 X 射线衍射十分相似，其不同之处在于：

① X 射线与电子相互作用，因而它在原子上的散射强度与原子序数成正比，而中子与原子核相互作用，它在不同原子核上的散射强度不是随值单调变化的函数，这样中子就特别适于确定点阵中轻元素的位置（X 射线灵敏度不足）和最邻近元素的位置（X 射线不易分辨）；

② 对同一元素，中子能区别不同的同位素，这使得中子衍射在某些方面，特别在利用氢-氘的差别来标记、研究有机分子方面有特殊优越性；

③ 中子具有磁矩，能与原子磁矩相互作用产生中子特有的磁衍射，通过磁衍射的分析可以定出磁性材料点阵中磁性原子的磁矩大小和取向，因而中子衍射是研究磁结构的极为重要的手段；

④ 一般来说中子比 X 射线具有高得多的穿透性，因而也更适用于需要厚容器的高低温、高压等条件下的结构研究。中子衍射的主要缺点是需要特殊的强中子源，并且由于源强不足而常需较大的样品和较长的数据采集时间；

⑤ 在实验技术上与传统方法稍有差别的还有利用不同波长的中子具有不同速度这一原理建立的飞行时间衍射法，主要用在加速器等强脉冲中子源上。中子衍射主要应用在晶体单色器、极化中子束、晶体空间结构测定、磁结构方面等。本研究采用法国的 D1B 中子衍射仪确定基体中第二相粒子的种类和结构。

（4）扫描电子显微镜

扫描电子显微镜（SEM）是在透射电子显微镜之后发展的又一种电子显微镜，它与透射电子显微镜和光学显微镜的成像原理不同，其放大成像不是用透镜，而是以电子束为照明源。以光栅状扫描方式照射到样品上的电子束产生各种与样品相关的信息，把这些信息收集、处理就可以得到微观形貌的放大成像。与透射电镜和光学显微镜相比，扫描电子显微镜具有许多优异的性质，具有比较高的分辨率，目前先进的扫描电镜分辨率能达到 0.6nm；具有连续可调的高放大倍数，可放大到 20 万～100 万倍；成像具有立体感，景深大，可观察凹凸不平的细微结构；多功能化，可配上能谱仪同时使用；样品制备简单，样品不需特殊处理就可以直接观察；比透射电镜更真实。为了研究腐蚀后样品氧化膜的形貌变化，实验中使用法国国家科学研究院的型号为 JSM-840A 的扫描电镜（SEM）。

第**3**章 ▶▶▶▶

锆合金的腐蚀性能

3.1 引言

锆合金的堆外高压釜腐蚀实验通常被用来模拟它在堆内的腐蚀情况，腐蚀实验中的介质水化学条件主要有以下 4 种。

① 350～370℃/16～19MPa 纯水，这种腐蚀条件主要用来研究锆合金的一般腐蚀规律。

② 350～360℃/16～19MPa 的 LiOH 或 LiOH＋H_3BO_3 水溶液，这种条件通常用来模拟核反应堆内的介质工况条件，研究 LiOH 或 H_3BO_3 对其腐蚀性能的影响情况。

③ 400～420℃/10.3MPa 的过热蒸汽，通常用于研究锆合金均匀腐蚀行为。

④ 500℃/10.3MPa 的过热蒸汽，用于研究锆合金抗疖状腐蚀性能。

锆合金的腐蚀动力学曲线一般分为两个阶段，即转折前阶段和转折后阶段。腐蚀转折前的主要特征是腐蚀速率低，Zr-Sn 合金的腐蚀动力学曲线通常接近于立方或四方曲线，Zr-Nb 合金的腐蚀动力学曲线为立方或接近抛物线型。腐蚀一定时间后，腐蚀动力学曲线变成线性规律[1]。也有很多研究者认为转折后的锆合金腐蚀动力学曲线会发生两次或者多次转折，而后才转变为线性关系[2-4]。因此，锆合金的腐蚀动力学曲线也可分为类抛物线阶段、渐变阶段、线性阶段（见图 3-1）。

腐蚀的水化学条件不同，锆合金的增重动力学转变模式会有不

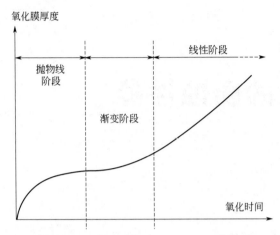

图 3-1　锆合金的氧化动力学曲线[4]

同[5]。在 300～360℃水中的腐蚀转变模式是循环突变模式，腐蚀速率大幅增长，继而重复转折前期的腐蚀规律。本书所述的 NZ2 合金在 360℃纯水和含锂水中的腐蚀动力学曲线显示了这样的规律。在更高温度的氧气或低压蒸汽中的腐蚀动力学曲线是单向渐变型的。还有一种动力学转变是超线性转变模式，这种模式在 Zr-Nb 二元合金中可见。本书介绍的新锆合金在 400℃蒸汽中腐蚀转折过程属于此种类型。

　　本章研究现有锆合金在不同腐蚀介质中的腐蚀行为，为进一步认识锆合金的腐蚀机制提供参考和依据。

3.2　锆合金在含锂水中的耐腐蚀性能

　　NZ2、NZ8、改进 Zr-4 合金在 360℃/18.6MPa 含锂水中的腐蚀动力学曲线示于图 3-2。

　　由图 3-2 可见 Zr-Sn 系的 Zr-4 合金样品对 360℃含锂水腐蚀极为敏感，转折发生后，氧化膜已完全失去保护作用，反应控制了腐蚀氧化过程，而 Zr-Sn-Nb 系的 NZ2 和 NZ8 合金样品的耐腐蚀行为有了质的变化，其耐腐蚀性能远优于 Zr-4。腐蚀至 200d 左右，增重均不到改进 Zr-4 合金的 10%左右。从整个腐蚀过程来比较，腐蚀开始阶段，NZ2 和

NZ8 合金的耐腐蚀性能接近，分别在腐蚀 126d 和 98d 左右出现了转折，转折时对应的氧化膜厚度均为 $2 \sim 3 \mu m$。转折后 NZ8 合金的腐蚀速率略高于 NZ2 合金，腐蚀至 300d 以上时 NZ2 合金的增重约为 NZ8 合金的 80%。三种合金对比，NZ2 合金的耐腐蚀性能最好，主要原因可能是少量 Nb 的加入；而 NZ8 合金中的 Fe、Sn 含量和 NZ2 合金的相同，只是去除了 Cr，并且增加了含 Nb 量。直到目前为止，还没有明确锆合金中的合金元素种类及含量对其耐腐蚀性能的影响规律，但是能确定的是加入适当的 Nb 元素可以改善锆合金在 360℃ 含锂水中的耐腐蚀性能。

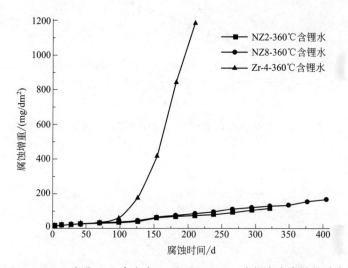

图 3-2　NZ2、NZ8、改进 Zr-4 合金在 360℃/18.6MPa 含锂水中腐蚀的动力学曲线

3.3　锆合金在 400℃ 蒸汽中的耐腐蚀性能

图 3-3 示出了 NZ2、NZ8 合金高压釜 400℃/10.3MPa 蒸汽中腐蚀增重对比。

可见转折前 NZ2、NZ8 的腐蚀速率相当，NZ2 合金腐蚀转折时间为 42d，NZ8 合金腐蚀转折时间为 70d，转折时对应的氧化膜厚度均在 $2 \sim 3 \mu m$ 之间。转折后 NZ8 合金的腐蚀速率远高于 NZ2 合金的。研究不同锆合金腐蚀增重曲线的差异（见图 3-4），可以看出合金成分对改善锆合金在 400℃ 蒸汽中耐腐蚀性能有显著作用。NZ8 合金中形成的大量第二相粒子以及基体内较高的 Nb 含量可能是其转折后腐蚀速率高的重要原因，这将在后面的研究中进行讨论。

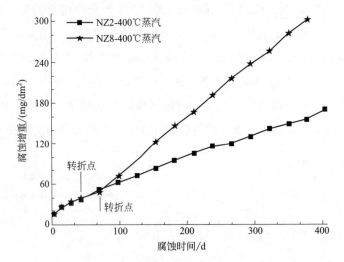

图 3-3 NZ2、NZ8 合金在 400℃/10.3MPa 蒸汽中腐蚀的动力学曲线

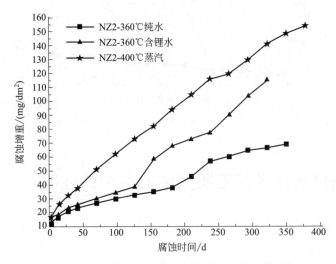

图 3-4 NZ2 合金在不同介质中腐蚀的动力学曲线

NZ2 具有较好的耐腐蚀性能，与 NZ8 合金相比，NZ2 合金中加入的 Nb 含量较低是提高其耐腐蚀性能的一个主要原因。综合比较这几种合金的成分及耐腐蚀性能，未能得出合金成分对锆合金耐腐蚀性能的影响情况，但是能够确定的是加入太多的 Nb 会对耐腐蚀性能产生不利影

响。另外，NZ2 合金的腐蚀转折时间较 NZ8 合金的短，也与 NZ2 合金中的第二相粒子特性有关。

3.4 本章小结

含 Nb 新锆合金在 360℃含锂水中的耐腐蚀性能远远高于 Zr-4 合金的，也就是说 Nb 的加入有利于改善锆合金的耐腐蚀性能。无论在 360℃含锂水中还是在 400℃蒸汽中腐蚀，高 Nb 的 NZ8 合金耐腐蚀性能较低 Nb 的 NZ2 合金耐腐蚀性能差，与两种合金中的第二相及合金元素在基体的含量有关，并且腐蚀转折时氧化膜厚度基本一致，在 $2 \sim 3\mu m$ 之间。另外，NZ2 合金在 400℃蒸汽中的腐蚀转折前时间较短，但转折后耐腐蚀性能较好，这也与第二相粒子特性密切相关。同一种锆合金在不同腐蚀介质中的腐蚀动力学也有很大差异。这些将在后面几章中做详细讨论。

参考文献

[1] Godlewski J. How the tetragonal zirconia is stabilized in the oxide scale formed on zirconium alloys corroded at 400℃ in steam [C]. Zirconium in the Nuclear Industry: 10ᵗʰ Int. Symp., ASTM-STP-1245, (Garde AM, Bradley ER, Eds.), Alnerican Society for Testing and Materials, W. Conshohocken PA. 1994, 663-683.

[2] Bryner J S. The cyclic nature of corrosion of Zircaloy-4 in 633K water [J]. Journal of nuclear materials, 1979, 82: 84-101.

[3] Cox B, Ungurelu M, Wong Y M, et al. Mechanisms of LiOH degradation and H_3BO_3 repair of ZrO_2 films, Zirconium in the Nuclear Industry: Eleventh International Symposium, ASTM-STP-1295. [J]. American Society for Testing and Materials, 1996, 114-136.

[4] 周邦新等. 锆-4 合金在 400℃过热蒸汽中均匀腐蚀时出现第二次转折的研究 [J]. 核燃料及材料重点实验室年报，中国核动力研究设计院，1993, 66.

[5] 杨文斗. 反应堆材料学 [M]. 北京: 原子能出版社，2000.

第**4**章 ▶▶▶▶
新锆合金基体显微结构与腐蚀性能的关系

4.1 锆合金基体显微组织

NZ2合金基体的 TEM 照片及第二相的 EDS 分析结果如图 4-1 所示。

图 4-1(a) 为未经腐蚀的 NZ2 合金基体的 TEM 像，可见椭球状第二相粒子较均匀弥散分布，而且第二相粒子数量较少，平均尺寸约 50nm。对其中多个第二相粒子进行 EDS 分析，发现第二相粒子主要包括 $Zr(Fe,Cr)_2$ 和 $Zr(Fe,Cr,Nb)_2$ 两种类型 [图 4-1(c)、(d)]。由于 NZ2 合金在 Nb 含量仅为 0.3% 的情况下有含 Nb 第二相粒子析出，

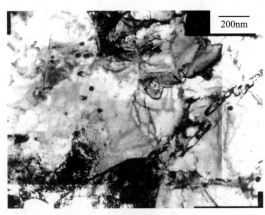

(a) 明场像

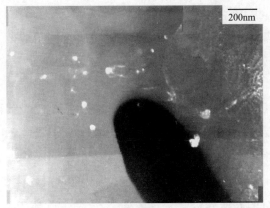

(b) 暗场像

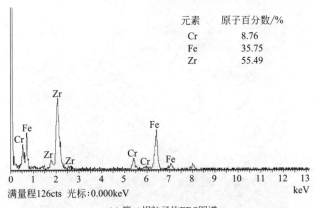

元素	原子百分数/%
Cr	8.76
Fe	35.75
Zr	55.49

满量程126cts 光标:0.000keV

(c) 第二相粒子的EDS图谱

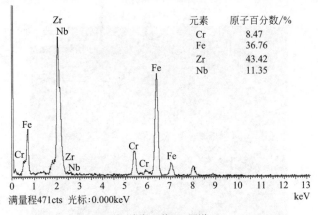

元素	原子百分数/%
Cr	8.47
Fe	36.76
Zr	43.42
Nb	11.35

满量程471cts 光标:0.000keV

(d) 第二相粒子的EDS图谱

图 4-1　NZ2 合金基体的 TEM 照片及第二相的 EDS 分析结果

说明由于 Fe、Cr 元素的加入，Nb 在基体中的最大固溶度将下降为 0.3%（质量分数），并且 NZ2 基体固溶 Nb 含量小于 0.3%（质量分数）。

图 4-2 为 NZ8 合金的显微组织，第二相粒子分布于晶内和晶界，且第二相粒子数量很多，尺寸约为 100nm。对第二相粒子进行 EDS 分析［图 4-2(d)］，只发现了一种 Zr-Fe-Nb 第二相粒子。由于 NZ8 合金中 Nb 元素含量较高，而其第二相粒子中 Nb 很少，因此，NZ8 合金基体固溶的 Nb 含量应高于 NZ2 合金基体的。前期对基体和第二相中合金元素含量进行的波谱分析结果也表明 NZ2 合金基体中固溶 Nb 含量小于 0.3%（质量分数），而 NZ8 合金基体固溶 Nb 含量略高于 0.3%（质量

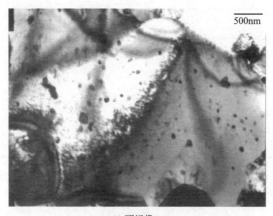

(a) 明场像1

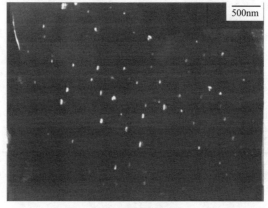

(b) 与(a)对应的暗场像

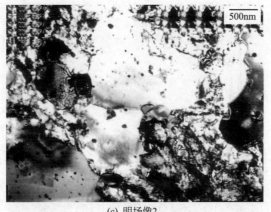

(c) 明场像2

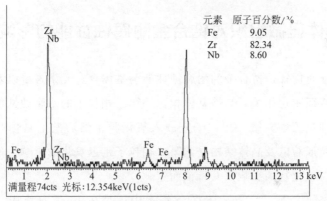

元素	原子百分数/%
Fe	9.05
Zr	82.34
Nb	8.60

满量程74cts 光标:12.354keV(1cts)

(d) 第二相粒子的EDS图谱

图 4-2　NZ8 合金基体的 TEM 照片及
第二相的 EDS 分析结果

分数），约为 0.347%（质量分数），并且 NZ8 合金第二相中的平均
Nb 含量也高于 NZ2 合金第二相中的平均 Nb 含量[1]。两种合金第
二相粒子中均没有 Sn 存在，说明 Sn 全部固溶于基体，并且两种合
金均没有发现 β-Nb 第二相，可能是由于采用的退火温度不足以使 β-
Nb 析出。

　　图 4-3 为 NZ2 合金的中子衍射图谱，发现 NZ2 合金基体有 C14 型
的 Zr（Fe,Cr）$_2$ 第二相粒子，这与 TEM 结果一致。

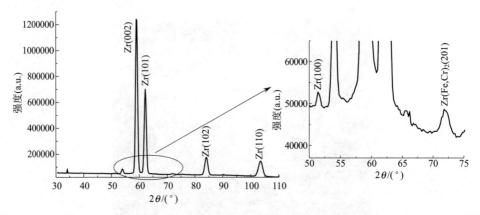

图 4-3　NZ2 合金基体的中子衍射图谱

4.2　基体显微组织对锆合金耐腐蚀性能的影响

众所周知，锆合金的耐腐蚀性能与基体合金元素含量以及第二相粒子的特征密切相关。与锆基体相比，第二相粒子的耐腐蚀性能更强，因此腐蚀过程中，第二相粒子先嵌入氧化膜中然后发生氧化[2]。氧化膜的晶粒形貌以及晶体结构受到第二相粒子延迟氧化的影响，而且第二相粒子对氧化物的影响依其特征而定。

本研究中，无论在 360℃ 含锂水中还是在 400℃ 蒸汽中，NZ2 合金的耐腐蚀性能均比 NZ8 合金的好。NZ2 合金中，Fe、Cr 原子大多以析出物的形式存在，而 Sn 完全固溶于金属基体，Nb 既固溶于基体，也存在于第二相中。NZ8 合金中，Sn 完全固溶于基体，Nb 既存在于第二相中，又过饱和存在于基体。当锆合金基体中固溶的 Nb 元素含量较低[<0.3％（质量分数）]，第二相粒子均匀细小（50nm）分布时，它的耐腐蚀性能大大提高；反之，耐腐蚀性能较差。在氧化过程中，由于基体的腐蚀速率比第二相粒子的腐蚀速率高[3]，锆合金基体先发生氧化，随后嵌入氧化膜的第二相粒子再发生氧化。

最初基体氧化过程中，以固溶合金元素存在于基体的大量 Sn 和 Nb 原子会发生再分布[4]。高压釜腐蚀条件下固溶的 Nb 和 Sn 原子分布在 ZrO_2 晶界，当氧分压足够高时 Nb 和 Sn 最终被氧化。合金元素的延迟氧化促进了氧化膜中裂纹的形成，这样通过增加氧在氧化膜中的扩散途径，使腐蚀速率增加。这种影响在高 Nb 的 NZ8 合金中更明显，而在低 Nb 的 NZ2 合金中较弱。因为 NZ2 合金基体中固溶的 Nb 含量低于其固溶极限，大量 Nb 原子以第二相形式存在，而在 NZ8 合金中除了所有的 Sn 以固溶原子的形式存在于基体外，部分 Nb 过饱和存在于基体，Nb 氧化后体积膨胀很大，促进了氧化膜中压应力的积聚，因此促进了裂纹的形成。也就是说过饱和存在于基体的 Nb 使 NZ8 合金耐腐蚀性能降低。

随后嵌入氧化膜中的第二相发生氧化，第二相粒子是影响锆合金耐腐蚀性能的另一关键因素。第二相中合金元素的氧化速率以 Fe、Cr、Nb 的次序递减[5,6]。第二相氧化初期，Fe、Cr 相继在氧化膜中扩散并不断氧化使氧化膜中的压应力进一步增强。随着氧化过程的不断进行，第二相中的 Nb 也扩散到周围氧化膜中然后发生氧化，使局部体积进一步膨胀，很可能会促进氧化膜中裂纹的形成，导致腐蚀加速[7]。NZ8 合金第二相中 Nb 含量高于 NZ2 合金第二相中的 Nb 含量，因此加速了腐蚀速度。

第二相粒子的体积分数是影响耐腐蚀性能的又一重要因素[7]。NZ8 合金中的第二相粒子体积分数较 NZ2 合金中的大得多，大量第二相粒子氧化后在氧化膜内部产生额外的应力，会增加氧化膜内局部体积膨胀，这很可能伴随着裂纹的形成，从而加速腐蚀过程。因此，无论从第二相粒子种类及体积分数的角度看还是从基体中 Nb 含量的角度分析，NZ8 合金腐蚀速率比 NZ2 合金的高。

另外，NZ2 合金中第二相粒子细小，这些小的第二相粒子被快速氧化，缩短了腐蚀的转折前阶段。而 NZ8 合金中大的第二相粒子氧化需要较长时间，因此转折前时间较长。

4.3　本章小节

新锆合金的耐腐蚀性能与 Nb 在基体中的固溶含量及过饱和程度密切相关。NZ8 合金基体中较高含量 Nb 的氧化会使氧化膜局部体积严重膨胀，甚至使氧化膜破裂，而 NZ2 合金基体 Nb 固溶量极低。因此转折后 NZ8 合金腐蚀速率远远高于 NZ2 合金的。同时，耐腐蚀性能与腐蚀过程中第二相粒子种类、氧化特征也密切相关。NZ8 合金第二相粒子中平均 Nb 含量较 NZ2 合金第二相粒子中的高，增加了氧化膜中局部体积膨胀，促进了裂纹的生成。另外，第二相粒子的体积分数是影响耐腐蚀性能的又一重要因素。NZ8 合金中的大量第二相粒子氧化后，也会增加氧化膜内局部体积膨胀，加速腐蚀过程。因此，无论从第二相粒子种类和体积分数的角度看，还是从基体中 Nb 含量的角度分析，NZ8 合金腐蚀后氧化膜中四方相含量均比 NZ2 合金的低，而其腐蚀速率比 NZ2 合金的高。NZ2 合金中细小的第二相粒子缩短了其在 400℃蒸汽中的腐蚀转折时间。

参考文献

[1] 李中奎. 新锆合金的热处理及腐蚀性能研究 [D]. 西安：西安交通大学，2004.

[2] Pecheur D，Lefebvre F，Motta A T，et al. Precipitate evolution in the Zircoaloy-4 oxide layer [J]. J. Nucl. Mater.，1992，189：318-332.

[3] Liu W Q，Li C，Zhou B X，et al. Effect of the microstructure on the corrosion resistance of Zr-Sn-Nb alloy [J]. Nuclear Power Engineering，2003，24（1）：33-36.

[4] Zhao W J. Summary on out-of-pile and in-pile properties of M5 alloy [J]. Nuclear Power Engineering，2001，22（1）：60-64.

[5] Baek J H，Jeong Y H. Depletion of Fe and Cr within precipitates during zircaloy-4 oxidation [J]. J. Nucl. Mater.，2002，304：107.

[6] Takeda K，Anada H. Correlation between zirconium oxide impedance and corrosion behavior of Zr-Nb-Sn-Fe-Cu alloys [J]. ASTM-STP-1354，2000：592.

[7] Barberis P，Ahlberg E，Simic N，et al. Behavior of a barrier layer of corrosion films on zirconium alloys [C]. Tirteenth International Symposium on Zirconium in the Nuclear Industry，ASTM-STP-1423，2002：33.

第**5**章 ▶▶▶▶

氧化膜组织结构对腐蚀性能的影响

5.1 引言

    锆合金的腐蚀过程是氧离子通过氧化膜，不断向氧化膜/基体界面扩散，与锆结合形成氧化锆的过程[1]。因此，腐蚀过程的供氧情况直接与氧化膜的相结构及其演变过程相关，这样就会使锆合金的耐腐蚀性能与氧化膜的显微结构之间存在着密切关系。此外，锆氧化时体积发生膨胀（P. B. 比为 1.56），会在氧化锆薄膜内产生大的压应力，而氧化膜/金属界面处的锆基体则受到张应力。这种条件下形成的氧化锆晶体中存在很多缺陷，使得部分应力松弛，而氧化膜中的这些缺陷在氧化膜生长过程中也会不断地发生演化，所以氧化锆的组织结构在不断发生变化[2]。另外，锆合金中的第二相粒子也会直接影响氧化膜的组织结构，经过一定热处理的锆合金中存在许多成分复杂、细小弥散分布的第二相粒子。锆合金在高温高压水或蒸汽中腐蚀时，由于第二相粒子氧化速度较锆基体的慢，因而会先嵌入已生成的氧化膜中，随后才不断发生氧化。因此，氧化膜内部会有局部应力集中的区域，这也是研究氧化膜组织结构以及耐腐蚀性能的关键问题。

    本章通过对氧化膜的组织结构演变过程的研究，为探索 NZ2、NZ8 合金在 360℃含锂水和 400℃蒸汽中的腐蚀机制提供有利依据。

5.2　NZ2合金腐蚀生成氧化膜的组织结构

图 5-1 和图 5-2 分别是 NZ2 合金在 360℃/18.6MPa 含锂水和 400℃/10.3MPa 蒸汽中腐蚀 3d 后氧化膜表面的小角度 XRD 衍射花样，对应于入射角 0.2°、0.3°、0.5°和 1.0°的测试厚度分别为 0.2nm、0.3nm、

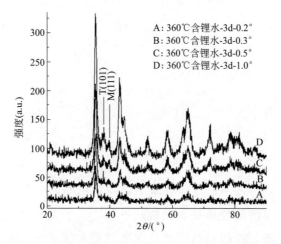

图 5-1　NZ2 合金在 360℃/18.6MPa 含锂水中腐蚀 3d 后
氧化膜表层的小角度 XRD 花样

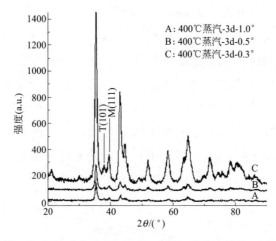

图 5-2　NZ2 合金在 400℃/10.3MPa 蒸汽中腐蚀 3d 后
氧化膜表层的小角度 XRD 花样

43.18nm 和 143.48nm（见图 5-3）。可见，氧化膜表面从外到内，四方相 T（101）衍射峰强度逐渐增高，而且 360℃含锂水中腐蚀后样品氧化膜表层四方相含量较 400℃蒸汽中腐蚀后样品表面四方相含量高。

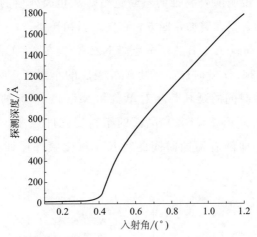

图 5-3　探测氧化膜深度随入射角的变化（1Å＝10^{-10} m）

图 5-4 曲线 A、B、C 分别为 NZ2 合金在 360℃/18.6MPa 含锂水中腐蚀 3d、42d、182d 的小角度 XRD 花样，从曲线 A 发现腐蚀 3d 时，氧化膜表面（0.2nm）四方相 T（101）晶面的衍射峰明显高于单斜相

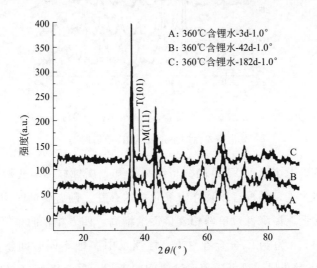

图 5-4　NZ2 合金在 360℃/18.6MPa 含锂水中腐蚀不同时间氧化膜表面的小角度 XRD 衍射图谱

M（111）面衍射峰，此时四方相的相对含量较高；随着腐蚀时间的延长（曲线 B、曲线 C），T（101）面的衍射峰强度减弱，而 M（111）面衍射峰强度增强，并逐渐高于 T（101）面的强度，即四方相的相对含量在下降。说明随着腐蚀的不断进行，氧化膜外层的四方相含量在减少，单斜相含量在增加，四方相在向单斜相转变。

图 5-5 曲线 A′、B′、C′ 分别是 NZ2 合金在 400℃/10.3MPa 蒸汽中腐蚀 3d、42d、70d 时样品氧化膜外表层的小角度 XRD 花样，结果表明随着腐蚀时间的延长，相对单斜相 M（111）面的衍射峰而言，氧化膜表面四方相 T（101）晶面的衍射峰强度逐渐降低，这与前面的结果一致，即随着腐蚀时间的延长，氧化膜外层四方相在向单斜相转变。

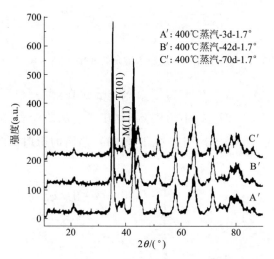

图 5-5　NZ2 合金在 400℃/10.3MPa 蒸汽中腐蚀不同时间
氧化膜表面的小角度 XRD 衍射图谱

从以上小角度 XRD 的分析结果可知，腐蚀样品氧化膜外层以单斜氧化锆为主，并没有发现立方氧化锆的存在。随着腐蚀时间的延长，四方相含量逐渐降低，单斜相含量逐渐增高，四方相在向单斜相转变。

图 5-6 为 NZ2 合金在 360℃ 含锂水中腐蚀不同时间整个氧化膜的 XRD 衍射花样，可见随着腐蚀时间的延长，单斜相 M（002）的峰值在不断增强，而四方相 T（002）的峰值在不断减弱。说明随着腐蚀时间

的延长，氧化膜中单斜相不断增加，而四方相在不断减少，四方相在向
单斜相转变。这与前面小角度 XRD 的实验结果一致。通过 Garvie-
Nicholson 公式[3] 计算整个氧化膜中四方相的大致含量（见图 5-8）进
一步证实了这一结果。

$$f_T = \frac{I_T(101)}{I_T(101) + I_M(111) + I_M(-111)} \tag{5-1}$$

式中　f_T——氧化膜中四方氧化锆的含量；

$I_T(101)$——XRD 衍射图谱中四方相（101）晶面衍射峰的积分强度；

$I_M(111)$——XRD 衍射图谱中单斜相（111）晶面衍射峰的积分强度；

$I_M(-111)$——单斜相（-111）晶面衍射峰的积分强度。

　　这种现象可以用 Garzarolli[4] 提出的均匀腐蚀机制加以解释，即氧
化物生长成小的四方等轴晶，当这些晶粒尺寸达到一个临界值时，就会
转变成单斜氧化锆。然而一部分四方相仍留在氧化膜的内部金属/氧化
物界面区域。因此，氧化膜厚度的增加和氧化膜外表面四方相向单斜相
的转变都将导致四方氧化锆体积分数的减小。

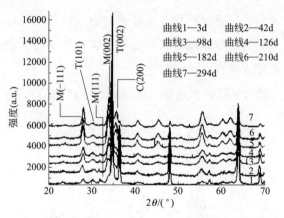

图 5-6　NZ2 合金在 360℃含锂水中腐蚀不同时间
氧化膜的常规 XRD 衍射图谱

　　从图 5-6 曲线 1、2 中没有发现立方相的衍射峰，当腐蚀到 98d（曲
线 3），氧化膜厚度为 2.3μm 时出现了立方相 C（002）衍射峰，说明此
时氧化膜中有立方相形成，随着腐蚀的继续进行（曲线 4、5、6、7），
立方相的峰值明显增强，此时立方相数量增多，也就是说腐蚀发生转折

后立方相数量明显增多。结合前面小角度 X 射线衍射的结果可以确定立方相存在于氧化膜的内层,这与李中奎的研究结果相符[5]。推断立方相是四方相向单斜相转变的过渡相,即四方相先转变成立方相,然后立方相再转变成单斜相。腐蚀过程中,随着氧化膜的生长、合金元素在氧化膜内部的扩散以及第二相颗粒的不断氧化等,使得氧化膜内部应力场、缺陷、晶粒尺寸、金属阳离子种类及价态等不断改变,从而导致稳定立方氧化锆的因素出现,促使四方氧化锆向立方氧化锆转变,然而立方氧化锆不是最终稳定相,必然会向单斜氧化锆继续转变。也可以通过氧化锆各种变体间的结构关系加以解释[6],四方相向单斜相转变是重构型转变,而立方相向单斜相转变只经过简单的畸变即可得到,转变过程中晶胞体积无明显变化,较前者容易,因此四方相通过位移型相变转变为立方相,然后立方相通过简单的畸变变为单斜相。总之,推断单斜相可能是两种转变的结果,即:四方相→单斜相;四方相→立方相→单斜相。由于立方相同样具有保护作用,因此它的出现可能会延缓腐蚀速率的迅速加快,对耐蚀性能的提高有一定的贡献作用。值得一提的是,正如四方相的稳定机理一样,立方相的稳定机理还没有被很好的研究。因此,立方相的稳定机理以及对锆合金腐蚀性能的影响也完全不确定,有待进一步深入研究。

图 5-7 显示了同样的规律,即随着腐蚀时间的延长,四方相在向单

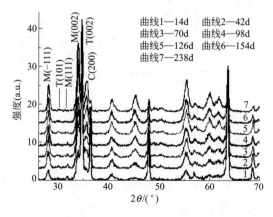

图 5-7　NZ2 合金在 400℃蒸汽中腐蚀不同时间
氧化膜的常规 XRD 图谱

斜相转变，腐蚀达到 14d，氧化膜厚度为 2.1μm 时，开始有立方相形成（曲线 1）并且转折后立方相数量明显增多（曲线 2、3、4、5、6、7）。认为四方相向单斜相转变过程中，立方相作为过渡相存在。

图 5-8 显示了 NZ2 合金在 360℃含锂水和 400℃蒸汽中腐蚀时间与四方相含量的关系。对比两条曲线，发现 NZ2 合金在 360℃含锂水中腐蚀氧化膜中四方相的含量较其在 400℃蒸汽中腐蚀氧化膜中四方相的含量高 2 倍，而且两种腐蚀条件下四方相含量随腐蚀时间的变化曲线很好地符合 $A \cdot \exp(-\alpha x)$ 规律，其中 α 值是相同的，均为 -33.10^{-5}。说明在两种腐蚀条件下，四方相向单斜相的转变速率相同。由于腐蚀开始时，360℃含锂水中腐蚀后氧化膜内四方相保护层厚度比 400℃蒸汽中的大得多。因此，整个腐蚀过程中都是 360℃含锂水中腐蚀获得氧化膜的保护层较 400℃蒸汽中的厚。四方相含量越高，保护层厚度越大，耐蚀性能越好。

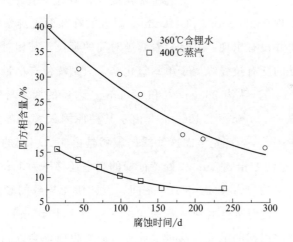

图 5-8　NZ2 合金在 360℃含锂水和 400℃蒸汽中腐蚀后
氧化膜内四方相含量与腐蚀时间的关系

从常规 XRD 的实验结果得知，无论在哪种介质中腐蚀，随着腐蚀时间的延长，氧化膜中四方相在向单斜相转变，内层的立方相作为过渡相存在，并且氧化膜中四方相含量越高，耐蚀性能越好。

图 5-9 为 NZ2 合金在 360℃含锂水中腐蚀 14d、42d 和 70d 的拉曼光谱图，每条谱线的峰位、相对强度及峰迁移情况如表 5-1 所列，这里

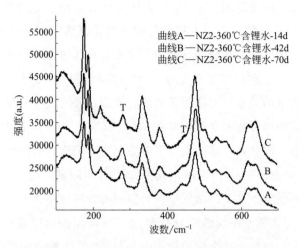

图 5-9　NZ2 合金在 360℃含锂水中腐蚀 14d、42d 和
70d 后氧化膜的拉曼光谱（T 为四方氧化锆）

峰迁移量是与表 5-2 中氧化锆粉末拉曼光谱峰位对比后[7] 计算所得的结果。出现在 280cm^{-1} 和 440cm^{-1} 附近的峰在两种纯氧化锆粉末的拉曼光谱中并没有出现，并且随着腐蚀时间的延长，其相对强度在逐渐减弱，此外的所有拉曼峰属于单斜氧化锆，只是峰位有小量的偏移（见图 5-9 及表 5-1）。认为 280cm^{-1} 和 440cm^{-1} 附近的两个峰是四方氧化锆的特征峰 267.1cm^{-1}、456cm^{-1} 由于某种原因偏移后的结果，偏移量均超过 10cm^{-1}。首先考虑这些峰的偏移是由应力引起的，在压应力的作用下[7] 四方相 267cm^{-1} 处特征峰的频率迁移率为 1cm^{-1}GPa^{-1}，氧化膜中的平均应力在 1～3GPa 之间，因此应力导致的频率迁移应小于 3cm^{-1}。而我们所检测到该峰的频率迁移量大于 10cm^{-1}，远超过平均应力所能够引起的最大偏移量。此外，应力也应该会以同样的方式影响单斜相拉曼光谱的峰位，在实验中单斜相拉曼光谱的最大峰偏移不超过 5cm^{-1}。因此可以断定应力并不是导致拉曼峰迁移的唯一因素，不能用氧化膜内的应力完全解释这种偏移现象。其次，锆合金氧化过程中，第二相粒子发生氧化，合金元素从第二相粒子中脱离并扩散到周围氧化膜中，从而引起四方相拉曼峰发生化学偏移。最后，考虑四方氧化锆点阵参数这一因素。设想这些拉曼峰属于一种畸变了的四方氧化锆，这种四方相晶胞中的原子位置和点阵参数与粉末四方氧化锆有一定差别。该结

构中，氧原子从其在立方相中的位置偏离的程度较粉末四方氧化锆中氧原子偏离程度大。氧原子的这种位置变化导致了四方相拉曼峰出现大量偏移。也就是说，应力、合金元素的再分布和四方氧化锆点阵参数变化是导致氧化锆拉曼峰偏移的主要原因。这一结果与 Pierre 等的研究结果存在一致性[8]。当然，有关这种畸变了的四方氧化锆结构的研究有待深入进行。

表 5-1　NZ2 合金在 360℃ 含锂水中腐蚀 14d、42d 和 70d 后氧化膜的拉曼光谱峰位置、相对强度（相对于最强峰 177.6cm⁻¹）及峰迁移情况表

14d			42d			70d			相
峰位 /cm⁻¹	相对强度	峰迁移 /cm⁻¹	峰位 /cm⁻¹	相对强度	峰迁移 /cm⁻¹	峰位 /cm⁻¹	相对强度	峰迁移 /cm⁻¹	
177.6	100	−0.2	177.6	100	−0.2	177.6	100	−0.2	M
187.4	77.6	2.1	187.4	78.8	2.1	187.4	63.4	2.1	M
221.0	22.4	0.4	221.0	9.7	0.4	221.0	17.4	0.4	M
278.1	**28.5**	**−11**	**278.1**	**19.9**	**−11**	**278.1**	**16.9**	**−11**	**T**
334.0	56.7	−1.5	334.0	36.4	−1.5	334.0	47.0	−1.5	M
379.9	15.6	1.2	379.9	13.3	1.2	379.9	20.0	1.2	M
439.1	**31.0**	**16.9**	**439.1**	**18.8**	**16.9**	**439.1**	**15.5**	**16.9**	**T**
476.9	71.5	−2.3	476.9	97.5	−2.3	476.9	85.9	−2.3	M
503.8	31.0	−3.6	503.8	29.0	−3.6	503.8	28.5	−3.6	M
532.9	25.9	4.2	532.9	18.8	4.2	532.9	21.1	4.2	M
556.3	15.4	1.6	556.3	16.9	1.6	556.3	18.5	1.6	M
619.0	34.3	−3.8	619.0	36.4	3.8	619.0	41.0	−3.8	M
637.9	36.1	−0.3	637.9	32.7	−0.3	637.9	46.5	−0.3	M

表 5-2　纯四方氧化锆粉末和单斜氧化锆粉末的拉曼峰位[7]　　　单位：cm⁻¹

单斜相	四方相	单斜相	四方相
	145.9	381.1	
158.0			456
177.4		474.6	
189.5		500.2	
221.4		537.1	
	267.1	557.9	
306.0			607.1
	315.1	615.2	
332.5		637.6	
346.6			644.5

图 5-10 为 NZ2 合金在 400℃蒸汽中腐蚀 14d、42d 和 70d 的拉曼光谱图，同样发现四方氧化锆在 $280cm^{-1}$ 和 $440cm^{-1}$ 附近的峰随着腐蚀时间的延长，相对强度在逐渐减弱。当腐蚀 42d 时，$440cm^{-1}$ 附近的峰已经消失；腐蚀时间达到 70d 时，$280cm^{-1}$ 附近的峰也随之消失。可见，NZ2 合金在 360℃/18.6MPa 含锂水中腐蚀后氧化膜中四方相含量较其在 400℃/10.3MPa 蒸汽中腐蚀后氧化膜中四方相含量高。通过公式(5-2) 计算腐蚀不同时间氧化膜中四方相含量如表 5-3 所列。

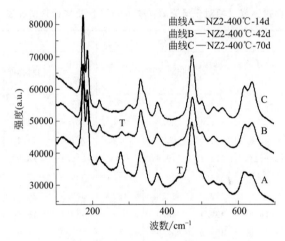

图 5-10　NZ2 合金在 400℃蒸汽中腐蚀 14d、42d 和 70d 后
氧化膜的拉曼光谱（T 表示四方氧化锆）

$$f_T = \frac{I(280)}{I(280) + I(179) + I(189)} \tag{5-2}$$

式中　　　　f_T——氧化膜中四方氧化锆的含量；

$I(280)$——拉曼图谱中四方氧化锆在 $280cm^{-1}$ 附近拉曼峰的积分强度；

$I(179)$，$I(189)$——单斜相氧化锆在 $179cm^{-1}$ 和 $189cm^{-1}$ 附近拉曼峰的积分强度。

结果进一步表明无论在哪种介质中腐蚀，随着腐蚀时间的延长，四方相含量不断下降，四方相向单斜相转变。因此可以说氧化膜中四方相含量越低，腐蚀速率越高。这与以前的研究结果相符[8-17]，也与本研究 X 射线的研究结果一致。需要指出的是，前面有关 XRD 研究结果和参考文献12通过透射电子显微镜的研究结果均显示除了四方相和单斜相之外，氧化到一定阶段，氧化膜内层有一定量的立方氧化锆出现。而这里通过拉曼光谱研究没有发现立方氧化锆，并且计算出来的四方相含量与前面我们通过 XRD 方法[10] 计算的氧化膜内四方相的平均含量也并不完全一致，这可能是由于织构的影响，可以说到目前为止，这两种测试氧化膜相结构及四方相含量的方法均需改进。

表 5-3　NZ2 合金在 360℃含锂水和 400℃蒸汽中腐蚀后
氧化膜中四方相含量与腐蚀时间关系

腐蚀时间 /d	四方相含量/%	
	360℃含锂水	400℃蒸汽
14	17.8	18.0
42	17.5	6.2
70	13.7	—

图 5-11 所示为 NZ2 合金在 360℃含锂水中腐蚀 70d 后氧化膜距外表面不同厚度处的拉曼光谱，可见从氧化膜/基体界面到氧化膜外表面不同位置处，氧化膜的相结构和成分有很大不同。从内到外，四方相特征峰的相对强度不断减弱，界面处四方相相对强度最高，外表面最低。这与参考文献18基于锆合金的氧化动力学和四方相转变而进行的模拟

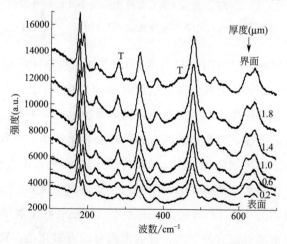

图 5-11　NZ2 合金在 360℃含锂水中腐蚀 70d 后氧化膜内距外表面
不同厚度处的拉曼光谱（T 表示四方氧化锆）

计算结果相符。P. Barberis 建立了一个简单的模型，计算氧化膜中四方相的分布规律，发现从氧化膜/金属界面到氧化膜外表面，四方相体积分数在不断下降。

图 5-12 为 NZ2 合金在 400℃蒸汽中腐蚀 70d 后氧化膜不同厚度处的拉曼光谱图，显示了与前面相同的规律，不同的是 NZ2 合金在该介质中腐蚀后氧化膜中四方相特征峰的相对强度较 360℃含锂水中腐蚀后样品氧化膜中四方相特征峰的相对强度低得多，并且氧化膜外表面的拉曼光谱中没有四方氧化锆的特征峰出现。

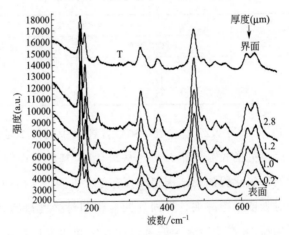

图 5-12　NZ2 合金在 400℃蒸汽中腐蚀 70d 后距外表面
不同厚度处氧化膜的拉曼光谱（T 表示四方氧化锆）

用同样的方法对图 5-11、图 5-12 中氧化膜不同深度处四方相含量进行计算，证实了上述结果。也就是说在氧化膜/金属界面处刚生成的氧化锆中含有较高比例的四方相，随着腐蚀过程的不断进行，氧化膜金属界面向前推进，先生成的四方相要转变为单斜相，导致远离界面处氧化膜中四方相比例降低。在 360℃含锂水中腐蚀 70d 后氧化膜/金属界面处四方相含量（高达 28.5%）比 400℃蒸汽中腐蚀 70d 后界面处四方相含量（约为 4.3%）高得多，并且在 400℃蒸汽中腐蚀样品氧化膜内只有界面附近有四方氧化锆，外表面没有四方氧化锆。这进一步说明了锆合金腐蚀后，氧化膜中四方相含量越低，腐蚀速率越高。由此看来，四方相向单斜相的转变是决定锆合金抗腐蚀性能的一个主要因素。

　　图 5-13 和图 5-14 分别为 NZ2 合金在 360℃含锂水中腐蚀 3d 和 126d 后氧化膜截面的 SEM 图，可见腐蚀 3d 时氧化膜形貌比较完整，没有出现微裂纹，这表明氧化膜内部的微孔洞还没有形成裂纹。腐蚀 126d，也就是腐蚀发生转折的时氧化膜内有裂纹形成。这就说明氧化膜内部的缺陷演变直接影响锆合金的腐蚀性能，腐蚀一定时间后，氧化膜内会形成许多微裂纹和孔洞，使氧化膜内部不再稳定，甚至氧化膜出现破裂，腐蚀速率增加，与此同时裂纹和孔洞发展也会受到氧化膜生长的影响。空位和孔洞缺陷主要在锆基体氧化成氧化物的过程中由于体积膨胀

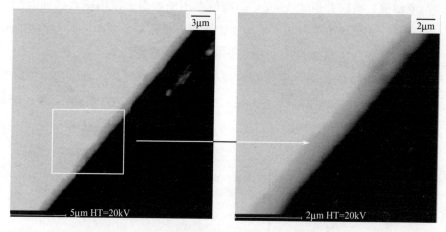

图 5-13　NZ2 合金在 360℃含锂水中腐蚀 3d 后氧化膜的 SEM 图

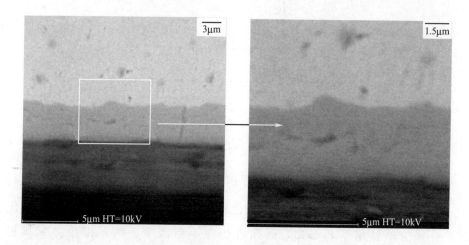

图 5-14　NZ2 合金在 360℃含锂水中腐蚀 126d 后氧化膜的 SEM 图

而产生，而微裂纹则主要是在四方相发生向单斜相转变同时应力发生松弛的过程中产生的。

5.3 NZ8合金腐蚀生成氧化膜的组织结构

图 5-15 为 NZ8 合金在 360℃含锂水中腐蚀 14d 和 98d 时氧化膜的 XRD 图谱。

由图 5-15 可见随着腐蚀时间的延长，单斜相 M（002）的峰值在不断增强，而四方相 T（002）的峰值在不断减弱。说明随着腐蚀时间的延长，氧化膜中单斜相不断增加，而四方相在不断减少，四方相在向单斜相转变。这与对 NZ2 合金氧化膜的 XRD 研究结果一致。

从图 5-15 曲线 1 中没有发现立方相的衍射峰，当腐蚀达到 98d 时（曲线 2，氧化膜厚度约 2.2μm），出现了微弱的立方相 C（002）衍射峰，说明发生腐蚀转折（126d）前，氧化膜中有少量立方相形成。

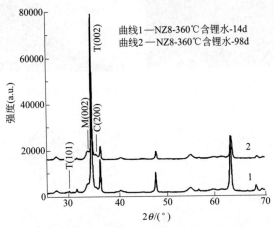

图 5-15　NZ8 合金在 360℃含锂水中腐蚀
不同时间氧化膜的 XRD 图谱

图 5-16 为 NZ8 合金在 400℃蒸汽中腐蚀 42d 和 70d 时氧化膜的 XRD 图谱，得到了与前面一致的结果，即随着腐蚀时间的延长，氧化膜中单斜相不断增加，而四方相在不断减少，四方相在向单斜相转变。

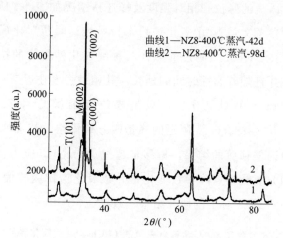

图 5-16　NZ8 合金在 400℃蒸汽中腐蚀
不同时间氧化膜的 XRD 图谱

　　从图 5-16 曲线 1 中发现当腐蚀达到 42d 时（腐蚀转折前，氧化膜厚度为 2.6μm），有微弱的立方相的衍射峰，说明发生腐蚀转折（70d）前，氧化膜中有少量立方相形成；随着腐蚀的继续进行（曲线 2），立方相的峰值明显增强，此时立方相数量增多。也就是说腐蚀发生转折后，立方相数量明显增多。

　　图 5-17 为 NZ8 合金在 360℃含锂水中腐蚀 14d 和 98d 的拉曼光谱

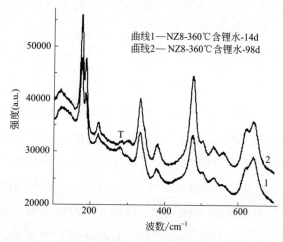

图 5-17　NZ8 合金在 360℃含锂水中腐蚀 14d 和 98d 后
氧化膜的拉曼光谱（T 表示四方氧化锆）

图，每条谱线的峰位、相对强度及峰迁移情况如表 5-4 所列，这里峰迁移量是与参考文献 10 中氧化锆粉末拉曼光谱峰位对比后计算所得的结果。出现在 $280cm^{-1}$ 附近的峰在两种纯氧化锆粉末的拉曼光谱中并没有出现，并且随着腐蚀时间的延长，其相对强度在逐渐减弱，此外的所有拉曼峰属于单斜氧化锆，只是峰位有小量的偏移（见图 5-17 及表 5-4）。认为 $280cm^{-1}$ 附近的峰是四方氧化锆的特征峰 $267.1cm^{-1}$ 由于某种原因偏移后的结果，偏移量超过 $10cm^{-1}$。应力、合金元素的再分布和四方氧化锆点阵参数变化是导致氧化锆拉曼峰偏移的主要原因。这与前面对 NZ2 合金的研究结果一致。

表 5-4　NZ8 合金在 360℃ 含锂水中腐蚀 14d 和 98d 后氧化膜的拉曼光谱峰位置、相对强度（相对于最强峰 177.6 cm^{-1}）及峰迁移情况表

14d			98d			相
峰位 /cm^{-1}	相对强度	峰迁移 /cm^{-1}	峰位 /cm^{-1}	相对强度	峰迁移 /cm^{-1}	
177.6	100	−0.2	177.6	100	−0.2	M
188.2	58.4	1.3	188.2	64.5	1.3	M
221.3	16.2	0.1	222.6	14.5	−1.2	M
279.1	**15.6**	**−12**	**283.9**	**6.7**	**−16.6**	**T**
303.0	10.8	3.0	302.8	9.0	3.2	M
334.8	49.4	−2.3	334.8	54.3	−2.3	M
379.6	15.5	1.5	380.7	15.7	0.4	M
475.3	66.8	−0.7	476.3	86.9	−1.7	M
503.6	22.3	−3.4	503.6	25.5	−3.4	M
532.8	18.1	4.3	532.8	20.4	4.3	M
557.9	10.9	0	557.9	16.5	0	M
618.2	38.5	−3.0	619.2	41.0	−4.0	M
639.2	54.8	−1.6	638.2	48.0	−0.6	M

图 5-18 为 NZ8 合金在 400℃ 蒸汽中腐蚀 42d 和 70d 的拉曼光谱图，同样发现四方氧化锆在 $280cm^{-1}$ 附近的峰随着腐蚀时间的延长，相对强度在逐渐减弱。当腐蚀时间达到 70d 时，$280cm^{-1}$ 附近的峰消失。可见，NZ8 合金在 360℃/18.6MPa 含锂水中腐蚀后氧化膜中四方相含量较其在 400℃/10.3MPa 蒸汽中腐蚀后氧化膜中四方相含量高。通过式 (5-2) 计算腐蚀不同时间氧化膜中四方相含量如表 5-5 所列。结果进一步表明无论在哪种介质中腐蚀，随着腐蚀时间的延长，四方相含量不断

下降，四方相向单斜相转变。因此可以说氧化膜中四方相含量越低，腐蚀速率越高。

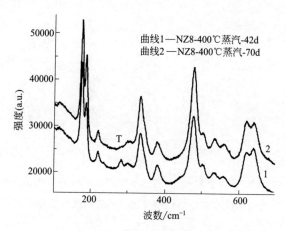

图 5-18 NZ8 合金在 400℃蒸汽中腐蚀 42d 和 70d 后
氧化膜的拉曼光谱（T 表示四方氧化锆）

表 5-5 NZ8 合金在 360℃含锂水和 400℃蒸汽中腐蚀后
氧化膜中四方相含量与腐蚀时间关系表

腐蚀条件	腐蚀时间/d	四方相含量/%
360℃含锂水	14	9.11
	98	3.43
400℃蒸汽	42	6.11
	70	0.89

如图 5-19 所示为 NZ8 合金在 360℃含锂水中腐蚀 98d 后氧化膜距外表面不同厚度处的拉曼光谱，可见从氧化膜/基体界面到氧化膜外表面不同位置处氧化膜的相结构和成分有很大不同。从内到外，四方相特征峰的相对强度不断减弱，界面处四方相相对强度最高，外表面最低。

对图 5-19 中氧化膜不同深度处四方相含量进行计算（见图 5-20），证实了上述结果。

图 5-21 为 NZ8 合金在 400℃蒸汽中腐蚀 70d 后氧化膜不同厚度处的拉曼光谱图，显示了与前面相同的规律，不同的是 NZ8 合金在该介质中腐蚀后氧化膜中四方相特征峰的相对强度较 360℃含锂水中腐蚀后样品氧化膜中四方相特征峰的相对强度低得多，并且氧化膜外表面的拉

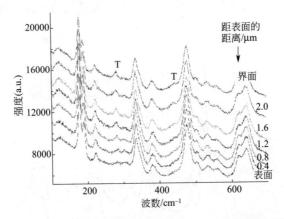

图 5-19　NZ8 合金在 360℃含锂水中腐蚀 98d 后氧化膜内距外
表面不同厚度处的拉曼光谱（T 表示四方氧化锆）

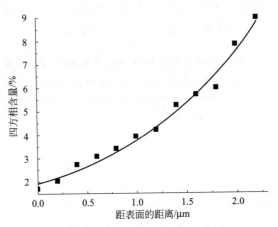

图 5-20　NZ8 合金在 360℃含锂水中腐蚀 98d 后
氧化膜内四方相含量随深度变化曲线

曼光谱中没有四方氧化锆的特征峰出现。也就是说在氧化膜/金属界面
处刚生成的氧化锆中含有较高比例的四方相，随着腐蚀过程的不断进
行，氧化膜/金属界面向前推进，先生成的四方相要转变为单斜相，导
致远离界面处氧化膜中四方相比例降低。锆合金腐蚀后，氧化膜中四方
相含量越低，腐蚀速率越高。对比 NZ2 合金和 NZ8 合金的研究结果，
发现同样腐蚀介质中，NZ2 合金腐蚀后氧化膜内四方相含量均较 NZ8
合金腐蚀后氧化膜内四方相含量高，进一步验证了上面结论，即氧化膜

内四方相含量越高，耐腐蚀性能越好。

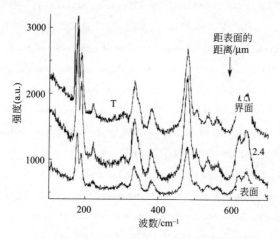

图 5-21　NZ8 合金在 400℃蒸汽中腐蚀 70d 后氧化膜内距
外表面不同厚度处的拉曼光谱（T 表示四方氧化锆）

5.4　本章小结

　　新锆合金腐蚀样品氧化膜以单斜氧化锆为主，存在一定量畸变了的
四方氧化锆。腐蚀到一定时间氧化膜中会有立方相出现，并且转折后立
方氧化锆数量明显增多。随着腐蚀时间的延长，氧化膜中有两种相变方
式：四方相→单斜相；四方相→立方相→单斜相。内层的立方相作为过
渡相存在。腐蚀过程中，四方相的不断转变似乎与动力学转折没有太多
关系，也就是说，在腐蚀动力学转折处没有四方相含量的突然降低。整
个氧化膜内，从氧化膜/基体界面到氧化膜外表面不同位置处，氧化膜的
相结构和成分有很大不同。从内到外，四方相含量不断减少，界面处四
方相含量最高，外表面最低。氧化膜中四方相主要是由氧空位以及锆基
体、第二相粒子氧化后产生的压应力稳定的。四方相向单斜相的转变是决
定锆合金抗腐蚀性能的一个主要因素，四方相含量越低，腐蚀速率越高。

参考文献

[1]　周邦新，姚美意等．氧化-氢化引起的锆合金焊接件开裂问题［J］．核动力工程，2006，

27 (1)：34-36.

[2] Zhou B X，Li Q，Yao M Y，et al. Effect of water chemistry and composition on micro-structural evolution of oxide on Zr Alloys [J]. Journal of ASTM International，Vol. 5，No. (Paper ID JAI 10112，available online at www. astm. org)．

[3] Garvie R C，Nicholson P S. Structure and thermomechanical properties of partially stabilized zirconia in the CaO-ZrO$_2$ system [J]. J. Am. Ceram. Soc.，1972，55：303.

[4] Garzarolli F，Seidel H，Tricot R，et al. Oxide growth mechanism on zirconium alloys [C]. In：Proceedings of 9th International Symposium on Zirconium in the Nuclear Industry，1132，ASTM-STP，1991：395-415.

[5] Li Z K，Liu J Z，Zhou L，Li C，Zhang J J. Study on microstructure of oxide film of new zirconium alloys [J]. Rare Metal Materials and Engineering，2002，31 (4)：261-265.

[6] Barberis P，Merle-Méjean T，Quintard P. On Raman Spectroscopy of Zirconium oxide films [J]. Journal of Nuclear Materials，1997，246 (3)：232.

[7] Barbéris P，Corolleur-Thomas G，Guinebretière R，et al. Raman Spectra of tetragonal Zirconia：powder to Zircaloy oxide frequency shift [J]. Journal of Nuclear Materials，2001，288 (3)：241.

[8] Godlewski J，Gross J P，Lambertin M，et al. Raman Spectroscopy study of the tetragonal to monoclinic transition in oxide scales and determination of overall oxygen diffusion by nuclear microanalysis of O^{18} [C]，Zirconium in the Nuclear Industry：Ninth International Symposium，1991：416-435.

[9] Zhang H X，Li Z K，Fruchart D，et al. Crystal structure analysis of oxide film of new Zirconium Alloy [J]. Rare Metal Materials and Engineering. 2006，35 (12)：1908.

[10] Arima T，Miyata K，Inagaki Y，Idemistu K. Oxidation properties of Zr-Nb alloys at 500~600℃ under low oxygen potentials. Corrosion Science，2005，47：435.

[11] Li Z K，Liu J Z，Zhou L，et al. Study on microstructure of oxide film for new Zirconium alloys [J]. Rare Metal Materials and Engineering，2002，31 (4)：261.

[12] Jeong Y H，Lee K O，Kim H G. Correlation between microstructure and corrosion behavior of Zr-Nb binary alloy [J]．Journal of Nuclear Materials，2002，302：9.

[13] Jeong Y H，Kim H G，Kim T H. Effect of β Phase，precipitate and Nb-concentration in matrix on corrosion and oxide characteristics of Zr-xNb alloys [J]. Journal of Nuclear Materials，2003，317：1.

[14] Maroto A J G，Bordoni R，Villegas M，et al. Growth and characterization of oxide layers on Zirconium alloys [J]. Journal of Nuclear Materials，1996，229：79.

[15] Bouvier P，Godlewski J，Lucazeau G. A Raman study of the nanocrystallite size fffect on the pressure-temperature phase diagram of Zirconia grown by Zirconium-based alloys oxi-

dation [J]. Journal of Nuclear Materials, 2002, 300: 118.

[16] Jeong Y H, Baek J H, Kim S J, et al. Corrosion characteristics and oxide microstructures of Zircaloy-4 in aqueous alkali hydroxide solution [J]. Journal of Nuclear Materials, 1999, 270: 322.

[17] Pétigny N, Barberis P, Lemaignan C, et al. In situ XRD analysis of the oxide layers formed by oxidation at 743K on Zircaloy-4 and Zr-1NbO [J]. Journal of Nuclear Materials, 2000, 280: 318.

[18] Barberis P. Zirconia powders and Zircaloy oxide films: tetragonal phase evolution during 400℃ autoclave tests [J]. Journal of Nuclear Materials, 1995, 226: 34.

第**6**章 ▶▶▶▶
氧化膜内残余应力与相结构以及腐蚀性能的关系

6.1 引言

  锆合金的腐蚀实验研究表明,氧化膜在生长的同时应力随时间变化,应力主要来源于基体金属与氧化产物的体积变化、四方相向单斜相的转变、第二相粒子沉淀以及晶粒尺寸效应。锆合金在腐蚀时,氧化膜受到很大的压应力,而基体则受到张应力[1]。随着腐蚀的延续,氧化锆会发生相变,由四方氧化锆向单斜氧化锆转变,由于单斜相的晶格常数不同于四方相的晶格常数,它们之间有一个错配度,为保持晶格匹配率,在四方相→单斜相转变时氧化膜内会产生比较大的相变应力。锆合金的氧化发生在氧化膜/金属基体上,随着腐蚀的进行,新的氧化锆不断在氧化膜/基体上生成,而相变也在上一轮相变结束后继续进行。在氧化膜中新的氧化锆生成过程产生的压应力以及相变过程应力的变化将影响氧化膜的稳定性,并且改变氧化膜中的扩散系数,从而导致了起始动力学的改变,影响着锆合金的耐腐蚀性能[2]。

  许多学者[3-8]也发现锆合金的腐蚀速率与氧化膜内的压应力大小及其分布有关,锆合金氧化膜形成时产生的压应力有利于氧化膜内的四方相的存在,从而稳定了氧化膜,推迟了腐蚀的转折,也就提高了锆合金的耐腐蚀性能[10-13]。然而,一些研究者也得到了与此相反的结论[13,14]。无论如何,氧化膜中的压应力与腐蚀动力学以及氧化膜的组织结构密切相关，强烈影响了锆合金的腐蚀机理[15,16]。因此，尽可能准确的表征氧化膜的显微结构和内应力对更好的理解相成分、氧化动力学、应力之间的关系，确定腐蚀机理有重要意义。

6.2 基本原理

一定的材料其晶面间距 d 是固定不变的。X 光入射到晶体点阵中时产生衍射，衍射角 θ 与晶面间距 d 之间存在一定的对应关系。如果材料中有应力存在，那么应力会使材料的晶格间距 d 产生变化，因而衍射角 θ 会改变。X 射线测定材料的应力是通过测材料晶面间距 d 的变化来实现的。

图 6-1 是 X 射线衍射原理图。

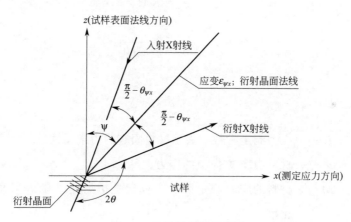

图 6-1　X 射线衍射原理图

X 射线发生装置中，靶材发的特征谱波长 λ 与材料晶面间距 d 在同一数量级。材料的晶格刚好可以作为 X 射线衍射的"光栅"。在应力作用下，材料的晶格会发生应变，因此在 X 射线衍射谱上，衍射角度 θ 会发生一定程度的偏移，X 射线衍射就是通过测试这种偏移量来计算材料的内应力的方法。可以用布拉格公式表示这种情况：

$$2d\sin\theta = n\lambda(n \text{ 为任意整数}) \tag{6-1}$$

布拉格方程的微分形式如下：

$$\frac{\Delta d}{d} = -\cot\theta \cdot \Delta\theta \tag{6-2}$$

式(6-2) 表明：衍射角的变化 $\Delta\theta$ 被用来表示晶面间距的变化 Δd。

X 射线入射到多晶体材料时，在照射的范围内有很多晶体学取向不同的晶粒，因此会有很多相同晶面指数的 (hkl) 晶面参与衍射。

按照弹性力学理论，试样内部有应力存在时，不同取向晶粒内的 (hkl) 晶面的应变也不同。当 X 光以不同的入射角 ψ 照射到样品上时，测得衍射角 θ 会随入射角 ψ 而变化，这种变化规律用来研究材料的内应力大小。

通过 X 射线测量材料应力的公式可以用广义虎克定律的公式表示为：

$$\sigma_x = KM \tag{6-3}$$

$$K = -\frac{E}{2(1+\mu)}\frac{\pi}{180}\cot\theta_0 \tag{6-4}$$

$$M = \frac{\partial(2\theta_{\psi x})}{\partial(\sin^2\psi)} \tag{6-5}$$

式中　K——应力测定常数，表示材料固有的力学属性；

　　　σ_x——材料内 x 方向上的应力；

　　　M——材料的应力测定因子，也就是衍射角 θ 随入射角 ψ 的变化率。

应力的测量实际上是求上述直线斜率的过程。众所周知，两点确定一直线，因此上述直线至少需要两个点才可以画出来。所以，测量应力时，选的 X 射线的入射角 ψ 应该多于两个，将每个入射角相对应的衍射角 $\theta_{\psi x}$ 也测出来。这样由很多个 $2\theta_{\psi x}$ 和 $\sin^2\psi$ 值点组成 $2\theta_{\psi x}$-$\sin^2\psi$ 直线。通过测量该直线的斜率 M 值来实现对应力值 σ_x 的计算。

6.3　实验方法

通过 X 射线衍射测试试样残余应力，试样必须被沿着两个轴旋转。

一种旋转通过倾角 ψ 来表示，ψ 是试样表面法线 P_3 和衍射平面 d_{hkl} 法线 L_3 之间的夹角，衍射面法线又平行于衍射矢量 Q。这种倾斜可以通过沿着位于试样表面，并且垂直于衍射面的 L_2 轴的旋转完成，衍射平面通过入射束 k_0 和衍射束 k_1 确定（见图 6-2）。也可通过沿着位于试样表面并且属于衍射平面，但垂直于衍射矢量 Q 的轴线的旋转而获得（见图 6-3）。

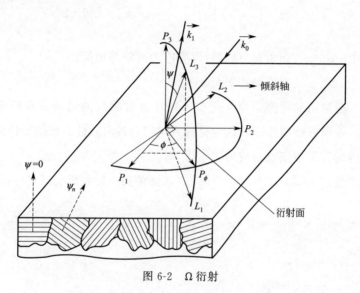

图 6-2　Ω 衍射

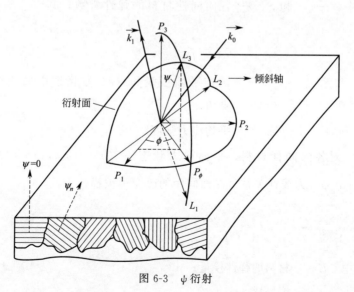

图 6-3　ψ 衍射

第二种旋转用方位角 Φ 表示，并且沿着平行于试样法线 P_3 的轴进行。

本研究中测试氧化锆薄膜中的泊松应力是通过对单斜氧化锆（—104）晶面衍射角及晶面间距的变化来进行的[17,18]。微应变描述如下：

$$\varepsilon = \left(\frac{d-d_0}{d_0}\right)_{hkl} = -\frac{1}{2}\text{cotg}\theta_0 \cdot (2\theta - 2\theta_0) \tag{6-6}$$

式中　d_0——衍射面（hkl）没有应力时的晶面间距；

　　　$2\theta_0$——对应的衍射角。

通过衍射可测定拉丁应变，并且通过随后的机械分析确定弹性应力。按照标准的程序，认为材料为均匀且各向同性。设想分析的衍射体积内的拉丁应变也是均匀的[19]。

通过 $\sin^2\psi$ 方法，由于 σ_{33} 在表面消失，衍射峰的迁移可描述为：

$$2\theta = 2\theta_0 - \left(\frac{1}{2}S_2\right)\frac{360}{\pi}\tan\theta_0\left[\sigma_{11}\sin^2\psi + \sigma_{13}\sin(2\psi)\right] - (S_1)\frac{360}{\pi}\tan\theta_0\left[\sigma_{11} + \sigma_{22}\right]$$

$$\tag{6-7}$$

式中　$\frac{1}{2}S_2$ 和 S_1——各向同性材料的弹性常数，其中 $\frac{1}{2}S_2 = \frac{1+\mu}{E}$，

$$S_1 = \frac{-\mu}{E};$$

　　　ψ——试样平面法线和（hkl）衍射平面法线之间的夹角；

　　　σ_{ij}——平均应力强度。

对各向同性材料，平面应力状态下（$\sigma_{11} = \sigma_{22}$，$\sigma_{13} = 0$），$2\theta = f(\sin^2\psi)$ 为线性关系。晶面间距的改变可被描述为：

$$d = \left(\frac{1+\mu}{E}\right)d_0\sigma_{11}\sin^2\psi - \frac{2\mu}{E}\sigma_{11}d_0 + d_0 \tag{6-8}$$

式中　E——材料的弹性模量；

　　　μ——泊松比。

各向同性表面应力 σ_{11} 可以通过斜率 p 中得出，$p = \left(\dfrac{1+\mu}{E}\right)d_0\sigma_{11}$

$E = 281\text{GPa}$，$\mu = 0.29^{[20]}$。

在材料各向异性情况下，弹性应变是应力的线性函数，表示为：

$$\varepsilon_{kl} = S_{ijkl}\sigma \tag{6-9}$$

式中　ε_{kl}——弹性应变；

　　　S_{ijkl}——柔性系数；

　　　σ——应力。

氧化锆的生长通常导致了丝织构，并且不随着氧化膜的增厚而改变[21,22]。这种情况下应用正交弹性模量更合理[21]，并且准确的 S_{ijkl} 对应力的确定更必要。对立方或六方结构已经发展了固有的模式[23,24]，然而这些模式对单斜晶体不合适。同时，氧化膜中存在应力梯度，这点在方程中也没有体现。基于以上这些考虑，我们所测试到的应力并不是均匀的体积应力，而是平均泊松应力，它的绝对值是可疑的，只是用作应力估计。

6.4　实验条件及数据处理过程

通过 X 射线测试应力是对单斜相（-104）晶面进行测定的，前提是这个衍射峰的强度较高。此外，这个峰与锆基体的两个衍射峰（201）和（004）的位置特别接近，而且由于晶粒尺寸较小，这个衍射峰非常宽[25,26]。因此，需要通过某种程序进行峰的提取和拟合。

数据处理过程用 Igor 软件进行，分为以下 3 个步骤：

① 去除背底；

② 为了增加信噪比，对数据进行傅里叶转变；

③ 3 个高斯峰被设想为拟合的轮廓，每个峰都有自己的位置。

每条谱线都被单独进行拟合。这样测出来的误差是将所有实验误差和拟合过程中的不确定因素考虑在内的。那么，（-104）晶面峰位被获得并且相应的 $d = f(\sin^2\psi)$ 直线可被画出。应力与这些直线的斜率直接相关。

6.5　实验结果

　　图 6-4 和图 6-5 分别为 NZ2 合金在 360℃含锂水和 400℃蒸汽中腐蚀不同时间后对其氧化膜中单斜氧化锆（—104）晶面进行测试所得的 $d=f$（$\sin^2\psi$）线。

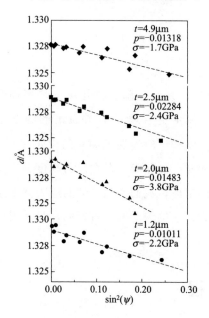 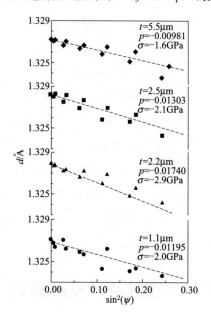

图 6-4　NZ2 合金在 360℃含锂水中腐蚀 14d、70d、126d、210d 样品测试所得的 d-$\sin^2\psi$ 线（$1\text{Å}=10^{-10}$ m，下同）

图 6-5　NZ2 合金在 400℃蒸汽中腐蚀 3d、28d、42d、154d 样品测试所得的 d-$\sin^2\psi$ 线

　　表 6-1 显示了所有测试试样的氧化膜厚度、腐蚀增重、腐蚀时间、$d=f$（$\sin^2\psi$）线斜率以及相应的压应力大小。

　　可见，这些直线斜率随着腐蚀时间和氧化膜厚度的改变而改变。氧化膜厚度与残余应力的关系显示在图 6-6。负值表明氧化膜中的应力状态为压应力。随着氧化膜厚度的增加，压应力增大，直到氧化膜厚度增长到一定值（360℃含锂水中为 2.0μm，400℃蒸汽中为 2.2μm，均在腐蚀接近转折的时候）时，压应力达到最大值。随后，随着氧化膜厚度的进一步增加，压应力明显减小，腐蚀转折后氧化膜中压应力保持恒定。比较两种介质中腐蚀试样的应力值，发现在 360℃含锂水中腐蚀后试样的平均压应力较 400℃

蒸汽中的高。总之，NZ2 合金氧化膜中的平均压应力为 1.5～3.8GPa，这与早期其他学者的研究结果一致[27,28]。腐蚀转折似乎与应力的突然释放紧密相关。事实上，NZ2 合金的氧化膜内存在强烈的织构，对单斜相（－104）晶面进行的应力测定并不是氧化膜中准确的平均应力。然而，应力值可能对分析应力状态、相成分、腐蚀动力学之间的关系有用。

表 6-1　NZ2 合金的腐蚀时间、增重、氧化膜厚度、$d\text{-}\sin^2\psi$ 直线斜率以及对应的压应力大小

腐蚀条件	腐蚀时间/d	腐蚀增重/$(\mathrm{mg/dm^2})$	氧化膜厚度/μm	$d\text{-}\sin^2\psi$ 斜率	压应力/GPa
360℃含锂水	3	12.88	0.9		
	14	18.50	1.2	−0.01318	−2.2
	28	22.85	1.5	−0.01879	−3.1
	42	25.92	1.7	−0.01695	−2.8
	70	30.20	2.0	−0.02284	−3.8
	98	34.53	2.3	−0.01491	−2.5
	126	37.85	2.5	−0.01483	−2.4
	154	58.56	3.9	−0.01113	−1.8
	182	68.00	4.5		
	210	72.90	4.9	−0.01011	−1.7
	238	77.28	5.2	−0.01171	−1.9
	266	90.00	6.0	−0.01093	−1.8
	294	104.15	6.9	−0.01022	−1.7
400℃蒸汽	3	17.00	1.1	−0.01195	−2.0
	14	26.14	1.7	−0.01521	−2.5
	28	32.42	2.2	−0.01740	−2.9
	42	37.47	2.5	−0.01303	−2.1
	70	51.63	3.4		
	98	62.32	4.2	−0.00859	−1.4
	126	72.97	4.9		
	154	82.47	5.5	−0.00981	−1.6
	238	116.14	7.7	−0.00980	−1.6
	266	119.65	8.0	−0.00929	−1.5

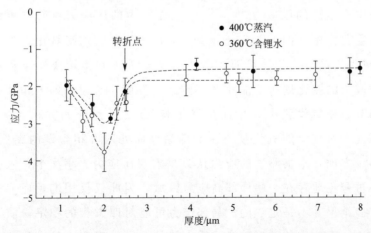

图 6-6　NZ2 合金在 360℃含锂水和 400℃蒸汽中腐蚀后氧化膜内应力随厚度的变化规律

6.6 分析与讨论

本章讨论的主要方面与氧化膜的显微结构和演变行为有关，即相、应力变化和氧化动力学之间的关系。有关四方相含量与腐蚀动力学的关系，前面的研究很清楚地显示，两种腐蚀介质中，随着腐蚀过程的进行，平均四方相含量平稳下降，与腐蚀动力学转折无关。这就意味着，整个氧化膜内，没有四方相含量的突然减少。对比两种介质中腐蚀的动力学曲线，发现较高的四方相含量有利于提高锆合金的耐腐蚀性能，因为四方相完整致密，具有保护性。

有关压应力和腐蚀动力学的关系也得到了一些结论。已有的实验结果显示，氧化开始阶段，压应力增加；当氧化膜厚度达到一定值时（约 $2\mu m$），氧化膜中压应力超过临界值，应力释放发生。这种应力释放导致了裂纹和孔洞的形成。裂纹和孔洞降低了氧化膜的保护性，加速了腐蚀速率，因此腐蚀转折发生。转折后试样氧化膜中压应力很低（360℃含锂水中约 1.9GPa，400℃蒸汽中约 1.6GPa）。因此，转折似乎与应力的突然释放联系；同时，氧化膜中压应力越高，耐腐蚀性能越好。

有关四方相含量与压应力的关系，总体来看，四方相含量越高，压应力越高。腐蚀过程中，锆转变为氧化锆时发生体积膨胀，氧化膜中产生高的压应力[16,28,29]。氧化膜中的压应力对四方相稳定具有重要作用。四方相位于金属/氧化膜界面处致密氧化层处，界面处压应力较高[30]。然而，本章结果显示四方相转变规律和氧化膜中应力的变化规律不能完全一致。一方面，考虑到四方相并不是均匀分布在氧化膜中，并且在氧化膜/金属界面处四方相含量较高。因此，对较厚的氧化膜，并不排除界面处四方相含量的突然减小。另一方面，本书测试的应力认为是宏观压应力。事实上，氧化膜中不可避免地存在一些局部高应力区域，因此仅仅用宏观应力来解释实验结果并不是足够的。局部应力可能对四方相的稳定扮演了重要作用。一些实验结果显示了四方相晶体内的压应力较单斜相晶体内的大，这些充分说明了氧化膜中残余应力并不是均匀分布的，并且有一些局部高应力区域[30]。这些局部压应力有几个来源。

首先，宏观压应力的减少可能导致部分四方相转变为单斜相。由于这种转变伴随着体积膨胀和剪应变的产生，在转变晶体附近的区域一定产生了局部应力。转变区域附近的四方相将遇到局部压应力。因此在表面区域，局部压应力对相稳定的影响将变得非常重要，因为在表面宏观压应力已完全释放。也就是说，宏观压应力的减少可能导致一部分氧化锆从四方相向单斜相转变，同时，由这种相变过程导致的局部压应力将增加，一小部分四方氧化锆可能被局部压应力稳定。

其次，当锆合金氧化时，由于金属基体与第二相粒子之间有不同的氧化速率，在腐蚀开始阶段第二相粒子没有被氧化。而是嵌入氧化膜中，随后被不断氧化。第二相粒子的氧化导致其周围产生高的局部应力。这些局部应力使第二相粒子周围的四方氧化锆更加稳定。

再次，当氧化锆晶体生长在锆基体表面时，氧化锆晶体取向必须尽可能地与金属基体的拉丁点阵匹配。然而，不可能所有晶粒的取向均与金属基体的相同。因而将产生一些高的局部压应力区域，这些区域氧化锆晶体与金属基体不能完全匹配。因此，更多的四方相可能被局部应力稳定。这些可能解释为什么转折后四方相含量没有突然减小。

此外，基体中固溶的金属可能对四方相的稳定有一定影响。例如氧化锆中合金元素的价位不同，这将影响带电的点缺陷密度，因此影响不同氧化锆相的稳定性。氧化膜/金属界面处小的晶粒尺寸和高的氧空位浓度也有可能稳定四方相。这些仍然有待继续研究。

由此看来，锆合金的耐腐蚀性能对许多因素敏感，例如氧化膜的相结构和成分，以及氧化膜中的应力状态。体系的复杂性表明这些因素相互作用以使锆合金达到特殊的性能，并且不可能确定哪种因素具有支配作用。

6.7　本章小结

　　研究测定了 NZ2 合金在 360℃含锂水和 400℃蒸汽中腐蚀后氧化膜中宏观压应力。结果显示氧化膜中有高的压应力存在。腐蚀转折与氧化膜内应力的突然释放密切相关。在 360℃含锂水中腐蚀后锆合金氧化膜中氧化膜中压应力、四方相含量均较 400℃蒸汽中腐蚀后的高，锆合金的耐腐蚀性能通过提高四方相含量和氧化膜中的压应力来改善。氧化膜中的宏观压应力对四方相的稳定有重要作用。此外，氧化膜中的局部应力也对四方相的稳定有一定作用。

参考文献

［1］　Pilling N B, Bedworth R E. The oxidation of metals at high temperatures ［J］. J. Inst. Met.，1923，29：529.

［2］　Dollins C C, Jursich M. A model of the oxidation of zirconium based alloys ［J］. J. Nucl. Mater.，1983，113：19-24.

［3］　陈鹤鸣，马春来等. 核反应堆材料腐蚀及其防护 ［M］. 北京：原子能出版社，1984.

［4］　刘文庆，李强，周邦新. 锆锡合金腐蚀转折机理的讨论 ［J］. 稀有金属材料与工程，2001，30（2）：81-84.

［5］　Godlewski J, Bouvier P, Lueazeau G, et al. Stress distribution measured by Raman spectroscopy in Zirconia films formed by oxidation of Zr-based alloys. Zirconium in the Nuelear Industry：Twelfth International symposium ［A］. Amerian Soeiety for Testing and Materials，West Conshohoeken, PA，2000：877-900.

［6］　Hong H S, Kim S J, Lee K S. Long-term oxidation characteristics of oxygen-added modified Zircaloy-4 in 360℃ water ［J］. Journal of Nuclear Materials，1999，273：177-181.

［7］　刘文庆，李强，周邦新，姚美意. 水化学对 Zr-4 合金氧化膜/基体界面处压应力的影响 ［J］. 稀有金属材料与工程，2004，33（10）：1112-1115.

［8］　邵淑英等. 薄膜应力研究 ［J］. 激光与光电子学进展，2005，42（1）：22.

［9］　Anada H, Takeda K. Microstructure of Oxides on Zircaloy-4，1.0Nb Zircaloy-4，and Zircaloy-2 Formed in 10.3MPa Steam at 673 K ［C］. Proceedings of the 11ᵗʰ International Symposium on Zirconium in the Nuclear Industry，ASTM-STP，1996：35.

［10］　Arima T, Miyata K, Inagaki Y, Idemitsu K. Oxidation properties of Zr－Nb alloys at

500～600 ℃ under low oxygen potentials [J]. Corros. Sci. , 2005, 47: 435.

[11] Zhiyaev A P, Szpunar J A. Influence of stress developed due to oxide layer formation on the oxidation kinetics of Zr 2. 5%Nb alloy [J]. J. Nucl. Mater. , 1999, 264: 327.

[12] Glavicic M G. Development and application of techniques for the microstructural characterization of hydrogen permeability in zirconium oxides [D]. Montreal: McGill University, 1998.

[13] Pétigny N, Barberis P, Lemaignan C, et al. In situ XRD analysis of the oxide layers formed by oxidation at 743 K on Zircaloy 4 and Zr-1NbO [J]. J. Nucl. Mater. 2000, 280: 318.

[14] Oskarsson M, Ahlberg E, Andersson U, Pettersson K. Characterisation of pre-transition oxides on Zircaloys [J]. J. Nucl. Mater. , 2001, 297: 77.

[15] Godlewski J. Oxidation of Zr alloys in steam: influence of tetragonal zirconia on oxide growth mechanism [D]. Compiegne: UTC Compiègne, 1990.

[16] Garzarolli F, Seidel H, Tricot R, Gros J P. Oxide Growth Mechanism on Zirconium Alloys [J]. ASEM-STP-1132, 1991; 395-415.

[17] Godlewski J, et al. Raman Spectroscopy Study of the Tetragonal-to-monoclinic Transition in Zirconium Oxide Scales and Determination of Overall Oxygen Diffusion by Nuclear Microanalysis of O18 [J]. ASTM-STP-1132, 1991; 416.

[18] Bechade J L, et al. X-ray determination of residual stresses and phase quantification in ZrO_2 oxide layers formed on zircaloy-4 [J]. High Temp. Mater. Process. 1998, 2: 359.

[19] Hauk O. V. Adv. Structural and residual stress analysis by nondestructive methods: E-valuation-Application-Assessment [J]. X-ray Anal. 1997, 39: 181.

[20] Beie H J, Mitwalsky A, Garzarolli F, et al. Examinations of the corrosion mechanism of zirconium alloys [J]. ASTM-STP-1245, 1994; 615.

[21] Parise M, Sicardy O, Cailletaud G. Modelling of the mechanical behavior of the metal - oxide system during Zr alloy oxidation [J]. J. Nucl. Mater. , 1998, 256: 35.

[22] Lin Y P, Woo O T, Lockwood D J. Texture and phases in oxide films on Zr-Nb alloys [J]. Mater. Res. Soc. Symp. Proc. , 1994, 343: 487.

[23] Kröner E, Mech J. Elastic moduli of perfectly disordered composite materials [J]. Phys. Solids 1967, 15: 319.

[24] Reuss A, Angew Z. Calculation of the flow limits of mixed crystals on the basis of the plasticity of monocrystals [J]. Math. Mech. 1929, 9: 49.

[25] Cox B, Kritsky VG, Lemaignan C, et al. Waterside corrosion of Zirconium alloys in nuclear power Plants [J]. Tec Doc 996, IAEA, 1998.

[26] Iltis X, Lefebvre F, Lemaignan C. Microstructural study of oxide layers formed on Zircal-

oy-4 in autoclave and in reactor part 11: Impact of the chemical evolution of intermetallic precipitates on their zirconia environment [J] . J. Nucl. Mater. , 1995, 224: 109.

[27] Bechade J L, et al. X-ray determination of residual stresses and phase quantification in ZrO$_2$ oxide layers formed on zircaloy-4. High Temp [J] . Mater. Process. , 1998, 2: 359.

[28] Gosmain L, Valot C, Ciosmak D, Sicardy O. Study of stress effects in the oxidation of Zircaloy-4 [J] . Solid State Ionics, 2001: 141-142, 633-640.

[29] Roy C, Burgess B. A study of the stresses generated in zirconia films during the oxidation of zirconium alloys [J] . Oxid. Met. , 1970, 2: 235.

[30] Godlewski J, Bouvier P, Lucazeau G, Fayette L. Zirconium in the Nuclear Industry: Twelfth International Symposium [J] . ASEM-STP-1354, 2000: 877.

第7章

含 Nb 新锆合金腐蚀机理的探讨

7.1 Nb 在锆合金中作用的机理

Wagner 理论认为氧化膜的生长实质上是氧离子沿着阴离子空位向内扩散，而电子向外运动的过程[1]，氧离子和电子运动的平衡速度控制着锆合金的腐蚀速度。所以，阴离子空位浓度的高低直接影响其腐蚀速率。间隙阳离子的进入会使阴离子空位减少，降低氧离子的扩散速率，从而降低锆合金的腐蚀速率。而低于四价锆的置换阳离子和高于二价氧的阴离子均会增加阴离子空位数，因此提高氧离子在氧化膜中的扩散速率，使腐蚀速率增加。由于锆是元素周期表中第Ⅳ族的元素，与它同族或者第ⅤB、ⅥB、ⅦA族元素进入锆氧化膜时会使电子浓度增加，阴离子空位数目减少，因而抑制了锆合金的腐蚀[2]。

Nb 加入锆合金中具有如下几个优点[3]：

① Nb 的吸收截面很小，加入后不会对锆合金的吸收截面产生明显的影响；

② Nb 的加入能够减少锆合金中杂质元素如 C、Al、Ti 的有害作用；

③ Nb 可有效地减少锆合金的吸氢量；

④ Zr 和 Nb 具有相同的晶体点阵和相近的原子半径，因此 Nb 可以与 β-Zr 形成一系列固溶体。

Nb 对锆合金耐蚀性的影响主要由 Nb 在基体 α-Zr 中的固溶含量决定的[4,5]，当基体中 Nb 含量达到其平衡固溶度时，锆合金具有好的耐腐蚀性能。很多研究者[4-7]研究了 Nb 含量在 0～5％（质量分数）范围内的 Zr-Nb 二元合金的耐腐蚀性能，发现 Nb 含量为 0.1％～0.2％（质量分数）时，Nb 完全溶解在基体中而不析出含 Nb 偏析物，样品的耐蚀性能很好，可能是因为平衡固溶于基体的 Nb 能够稳定氧化膜中呈柱状晶结构的四方相；Nb 含量达到 1.0％～5.0％（质量分数）时，锆合金氧化膜主要由等轴状晶体结构的单斜相组成，腐蚀速度很高，并且当有 β-Zr 相形成时腐蚀加速，而当有 $β_{Nb}$ 相出现时耐腐蚀性能得以改善。说明 $β_{Nb}$ 的形成降低了基体中的 Nb 含量，改善了锆合金的耐腐蚀性能。因此认为，与含 Nb 偏析物、过饱和 Nb 及 β 相相比，α-Zr 中的平衡浓度含 Nb 量对耐蚀性的提高起决定性作用[8-10]。

Zr-Nb-Fe 三元合金经 850K 的等温处理后，Nb 在 α-Zr 基体中的固溶度下降到 0.37％±0.05％（质量分数）[7,11]。本研究中含 Nb 量为 0.3％（质量分数）的 NZ2 合金中，第二相粒子主要包括 $Zr(Fe,Cr)_2$ 和 $Zr(Fe,Cr,Nb)_2$ 两种类型，Nb 在基体中的固溶含量接近其平衡固溶度，而含 Nb 量 1.0％（质量分数）的 NZ8 合金中只析出一种含 Nb 第二相粒子，大量 Nb 存在于基体。充分说明 Nb 在基体中的含量接近其平衡固溶度时可改善锆合金的耐腐蚀性能。

7.2　四方相及立方相的稳定机理

7.2.1　氧空位稳定机制

室温时，纯氧化锆为单斜相结构（m），空间点阵群为 $P2_1/c$[12,13]；温度升高，材料就会转变为四方相（t），然后变成立方（c）萤石结构（点阵群分别为 $P4_2/nmc$ 和 $Fm3m$）[14-17]。这些相变过程会产生很大的体积变化，使纯的氧化锆材料不稳定。低价氧化物，如 CaO、MgO 或 Y_2O_3 的添加稳定了立方和四方相的对称结构，而使单斜相不稳定[18]。增加掺杂物浓度，材料会转变为四方相（t＊），称作部分稳定，随后转变成立方相（c＊），称作完全稳定。掺杂物的数量必须非常充足[19-21]，并且材料的电中性通过氧空位来维持。

掺杂阳离子和氧空位的同时存在意味着稳定材料中的局部原子环境不同于相应的化学计量相。尽管对 m-t-c 和 m-t*-c* 的转换次序有一些分析，但对四方相和立方相的稳定机理还没有很清楚的认识。关注最多的是掺杂阳离子和氧空位的作用[22]。

有学者通过一种自协调紧绑模式来理解四方相和立方相的稳定机理，该模式是将纯氧化锆的电性能和结构性能参数化[23,24]。这种方法用来计算控制 c-t 转变的表面自由能随温度的变化，属于朗道相变理论[25]。这些结果是目前稳定机理研究的起始点，基于 ZrO_2-Y_2O_3 相图高温区等温和等浓度线间的定量分析。浓度固定，较高温度下四方相不稳定，而立方相稳定。同样，温度固定，较高含量的杂质元素稳定立方相。Li 的分析认为[26-31] 掺杂阳离子受到氧空位周围晶体变形的支配，不参与稳定机制。因此只考虑氧空位对四方和立方氧化锆的稳定作用。

建立稳定氧化锆模型的第一步，含一个独立氧空位的晶体结构和电性能首先被关注[32]。含有一个氧空位、95 个原子的 96 位立方超点阵萤石结构被定义为 V_1。空位在 +2 价态的位置上（一个氧离子丢失）。理想材料中，$V_O^{\cdot\cdot}$ 缺陷的电荷被掺杂阳离子 Y_{Zr}' 所补偿。研究中，模拟了电荷补偿 Y 原子的存在，因此晶胞是电中性的。

定义非松弛结构为所有原子处于中心对称的萤石结构位置，松弛结构是原子配位的静电最优化后形成的晶体结构。

当晶体结构松弛时，最近邻空位的 Zr 原子沿着 [111] 方向向外迁移，而空位周围第一层阴离子会沿着 [100] 方向向内迁移，如图 7-1 所示[32]。这种松弛模式受到电稳定性的驱动。

氧化锆稳定机理的研究基于两个 96 位超晶胞的静态和动态模拟。第一个被定义为 V_1，含有一个空位。这个系统对应四方相 t* 的稳定。同样，第二个超晶胞 V_4 含有四个空位，对应立方相 c* 的稳定区域内。

V_1 晶胞的静态最小化已经被描述。结构方面进一步的分析显示了如图 7-1 所获得的原子结构是介稳定的。通过扰动这种松弛结构，二次结构改变进一步降低晶胞的整体能量，类似于纯化学计量立方氧化锆中氧亚晶格的四方畸变。

根据控制 c-t 关系的表面能[25]，氧亚晶格的内部四方相畸变驱动了外部单位晶胞的四方相畸变。结果，松弛结构可能通过非单位的 c/a 比例的改变使其能量进一步最小化。事实上，允许通过晶胞四方化来调节，获得最小能量时，$c/a=1.02$。相应的平衡结构如图 7-2 所示[32]。阴离子和阳离子分别用亮圈和暗圈表示，箭头指向含空位的氧柱，在第一个可见氧离子后面。x-y 平面 [图 7-2 (a)] 的项目显示了从静态最小化系统中获得的同样的状况。最近邻阳离子沿着远离空位的方向向外移动，最近邻阴离子向内移动。图 7-2 (b) 显示了沿着 x-z 平面的变化情况：氧亚点阵的四方化畸变很清楚。

通过在超晶胞中分布四个空位来模拟立方相 c∗。在这种结构中，四个空位沿着 [111] 方向排列形成空位簇[21,33-35]。静态松弛结构以所有原子位于萤石结构的中心对称位置开始的。这种情况下，仅仅观察到一种结构改变。系统演变示于图 7-3。空位周围的局部畸变在变形轮廓内锁定了立方结构 c∗，抑制了氧亚点阵的四方畸变。局部原子环境不同于萤石结构：14 个阳离子位于七重配位状态，大量氧离子并不处于中心对称位置。完美立方超点阵（$c/a=1$）的能量最小。

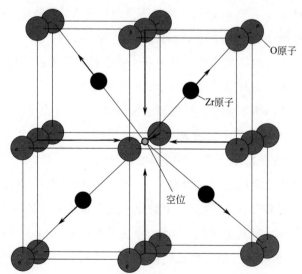

图 7-1　萤石结构中近邻空位原子的晶体松弛结构

（黑色为 Zr 原子，深灰色为 O 原子，淡灰色为空位）[32]

前面描述的是关于 c-t 相变的[24]，也提供了氧空位周围的畸变怎样

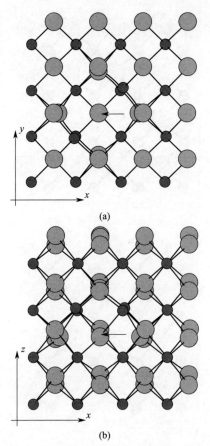

图 7-2　V_1 超晶胞的平衡晶体结构（箭头指向为含空位的氧柱）[33]

影响四方相和立方相相对稳定性的观点。总之，部分稳定和完全稳定氧化锆分别通过 96 位立方超晶胞中一个氧空位和四个氧空位被确定。

　　V_1 和 V_4 平衡晶体结构的分析暗示了四方和立方氧化锆的稳定机理。当空位浓度较低时，像 V_1 超晶胞中的那样进行了四方相畸变。由于这种畸变涉及所有氧空位数的迁移，邻近缺陷的原子被沿着氧亚点阵的四方相畸变方向拖动（图 7-2）。

　　当缺陷浓度较高时，像在 V_4 超晶胞中的那样，事实上没有不畸变的立方区域在静态松弛的超晶胞中；每个氧原子要么自身是空位的邻近位置，要么最起码六个中有四个邻近空位。因此，没有局部原子环境接近萤石结构（可能进行四方相畸变）的区域（图 7-3），并且空位周围的

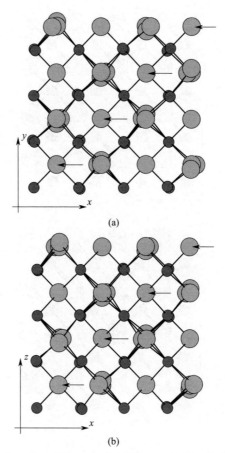

图 7-3 V_4 超晶胞的平衡晶体结构（箭头指向含空位的氧柱）[32]

径向畸变支配了最终的稳定平衡结构。最终的原子结构是立方的，但是短程原子结构并没有立方对称性。

这些结果显示四方相和立方相的稳定可能通过掺杂具有氧空位的氧化锆晶体获得，并且稳定氧化锆的电性能和结构性能被氧空位周围的结构畸变控制，而不是被掺杂阳离子控制。

本书中新锆合金腐蚀初始阶段，氧化膜主要由四方相组成，可能是由于氧化开始时合金元素氧化产生的氧空位浓度较低，形成了 V_1 超晶胞类型，稳定了四方相。随着腐蚀过程的继续，合金元素 Nb 参与氧化，形成 Nb_2O_3 增加了氧空位浓度，当空位沿一定方向排列，形成 V_4 超晶胞时，为了最小化体系能量，使其达到稳定平衡结构，四方相就会转变为立方相。随后，由于 Nb 氧化产生的大量体积膨胀，氧化膜内产生裂纹，腐蚀发生转折。转折后立方相含量继续增加，直到 Nb 最终氧化成 Nb_2O_5 时，立方相会进一步转变成单斜相。

7.2.2　压应力稳定机理

根据 Arashi 的 ZrO_2 压应力-温度相图，低温时四方相可以在 3000MPa 的压应力下稳定存在。锆氧化成氧化锆后，体积发生膨胀，在氧化膜内产生大的压应力，而锆基体受到拉应力。氧化膜中的压应力诱发四方氧化锆的生成，并使其稳定。随着氧化过程的不断进行，氧化膜/金属界面向前推进，新生成的氧化锆中保持较高的压应力，先前生成的氧化锆中压应力被松弛，导致四方氧化锆向单斜氧化锆转变。

Garzarolli、周邦新、Godlewski 等[36-38] 在过热蒸汽的环境中分别用不同的方法测定了氧化膜中应力分布的规律和应力的大小，发现氧化膜内存在较大的压应力，并且沿氧化膜断面存在应力梯度，金属/氧化膜界面处的压应力高于氧化膜外层。

本书用 XRD 技术测量氧化膜中的平均残余压应力，发现 NZ2 合金腐蚀后氧化膜中的平均残余压应力为 1.5～3.8GPa，并且压应力越高，四方相含量越高。压应力稳定氧化膜中的四方相。

7.3　氧化膜中应力释放机理

早期有关 Zr-2 合金氧化膜应力测试的研究显示[39]，氧化膜断裂机理与氧化膜的机械破坏相联系。很明显腐蚀早期 Zr-2 合金氧化膜内压应力相对较高，随后断裂发生，而且在断裂处的应力最大，而在锆晶体样品中氧化膜应力相对很低，没有观察到断裂过程。

氧化膜中应力存在有很多原因[40]，然而最重要的一个原因是当金属表面发生氧化时伴随有体积增加。氧化物通过氧向内扩散生长，因此在形成新的氧化层时，金属/氧化物界面受到限制。而应力释放要么发生在金属内部（金属基体的塑性变形），要么发生在氧化膜中（氧化膜塑性变形），或者两者都有。

氧化膜的塑性变形速率取决于生长速率。在氧化膜生长早期，变形速率较大。实际过程中两种机制共同作用，并且金属基体和氧化膜的塑性变形量一定程度上取决于金属的厚度。Buresch 和 Bollenrath[41] 的研究显示当锆管的壁厚减少时，金属基体的变形量增加。然而，即便金属基体的厚度低到极限，也不足以完全释放氧化膜中的应力。因此，氧化膜中产生塑性变形使内部应力得以释放。氧化膜初始生长速率较高，局部扩散速率也较高，足以通过氧化膜的塑性变形来释放大量应力。当氧化膜增厚时，扩散速率降低到一定程度，应力释放速率太慢，氧化膜发生断裂。此时，氧化膜中产生裂纹，腐蚀转折发生，内部的平均应力也降到稳定阶段。

本书对 NZ2 合金在 360℃ 含锂水中腐蚀样品氧化膜断面进行 SEM 测试发现转折后氧化膜内有裂纹形成，对其在 360℃ 含锂水和 400℃ 蒸汽中腐蚀样品氧化膜内的应力测定，发现当氧化膜厚度约 $2\mu m$ 时氧化膜中的压应力达到最大值，氧化膜发生断裂，内部产生裂纹；随后腐蚀转折发生，而转折后氧化膜内部平均应力降到平稳阶段。这些研究结果可用这种机理加以解释。

7.4　新锆合金的腐蚀机理模型

有关锆合金腐蚀机理的模型有很多，锆合金的腐蚀机理的研究主要围绕氧化膜组织结构的演化和腐蚀过程中氧化膜内缺陷和内应力的演变来解释腐蚀行为和腐蚀过程中发生转折现象的。周邦新主持的科研组利用现代分析手段，研究了水化学及合金成分对氧化膜晶体结构的影响情况，并提出了几个新观点[42]，即腐蚀过程中，锆合金氧化膜组织结构的演化与腐蚀动力学之间有密切的关系。氧化膜生长过程中，许多缺陷（例如空位）由于压应力的形成而产生，这些缺陷是四方、立方甚至非晶相氧化锆的稳定因素；而且在温度、应力和时间的作用下，缺陷会不断发生扩散、湮没和凝聚，氧化膜中的晶界吞噬空位后形成了纳米尺度的孔隙簇，使晶粒间的结合力减弱；氧化膜中的微裂纹就是上述孔隙簇进一步发展的结果，氧化膜因此失去了保护能力，腐蚀转折发生，腐蚀加速。由于锆合金氧化成氧化锆时，无法避免压应力的形成，因此氧化膜的显微组织在不断地发生演化。可以考虑通过延缓这种演化过程的方法来改善锆合金的耐腐蚀性能。

还有一些学者提出了阻挡层假说[9,43-45]。锆合金腐蚀转折前，在氧化膜/基体界面处形成了一层很薄的结构为四方相的致密保护层，对锆合金的进一步腐蚀有阻挡作用，因此也叫阻挡层。而转折发生后，阻挡层逐渐变薄，结构也由原来的四方结构转变成单斜结构，失去了保护性，腐蚀加速。因此认为锆合金的腐蚀过程与阻挡层的性能密切相关。

Zr-4 合金的腐蚀机理模型也有很多，例如氧空位反应假说[46]、应力诱发相变假说[47]。所有假说的共同点是都认可氧化膜内四方相向单斜相转变对腐蚀动力学行为的重要影响[44]。因此四方氧化锆的含量计算及其稳定性研究受到了极大关注，有人利用氧化层锥形截面的拉曼光谱来研究不同深度处的四方氧化锆含量[44]。证实靠近金属/氧化物界面处四方相的含量很高（其范围是 $30\%\sim40\%$），正是在转折处急剧下降。腐蚀转折与二氧化锆中压应力的同时松弛有联系。

本书对含 Nb 新锆合金基体显微组织研究显示，细小均匀的含 Nb 第二相粒子的析出有利于耐腐蚀性能的提高，主要是由于含 Nb 第二相粒子的析出使 Nb 在基体中的固溶度小于其平衡固溶度。对氧化膜显微组织的研究显示，随着腐蚀过程的进行，氧化膜中四方相含量不断减少，单斜相含量不断增加，并且在腐蚀转折前出现了立方氧化锆，腐蚀转折后氧化膜中也有裂纹出现。另外，从金属/氧化锆界面到外表面，四方相含量下降，氧化膜内较高的四方相含量有利于提高锆合金的耐腐蚀性能。对锆合金氧化膜内压应力进行研究发现，氧化开始阶段，压应力增加。当氧化膜厚度达到一定值时（约 $2\mu m$），氧化膜中压应力超过临界值，应力释放发生。这种应力释放导致了裂纹和孔洞的形成。裂纹和孔洞降低了氧化膜的保护性，加速了腐蚀速率，因此腐蚀转折发生。转折后试样氧化膜中压应力很低（360℃含锂水中约 1.9GPa，400℃蒸汽中约 1.6GPa）。因此，转折与应力的突然释放联系。同时，氧化膜中压应力越高，耐腐蚀性能越好。

基于这些研究结果，试图提出了含 Nb 新锆合金的腐蚀机理。锆合金在腐蚀生成氧化锆时，体积发生膨胀，因此氧化膜内产生很大的压应力，而基体则受到张应力。同时，固溶于基体的合金元素参与氧化，产生局部压应力及氧空位，对四方相的稳定有一定作用。此外，第二相粒子的氧化也使氧化膜内产生了额外的压应力。当基体发生氧化时，第二相粒子并没有随同周围基体同时发生氧化，而是嵌入氧化膜中。在距离基体/氧化膜界面一定距离处，第二相粒子开始逐渐被氧化。与氧有最高反应活性的锆首先被氧化。由于组成第二相粒子的 Fe、Cr、Nb 在氧化锆中具有低的固溶度，仅仅少量金属原子进入氧化膜中。这些金属原子通过占用氧化锆点阵中锆的位置，而使氧化膜中产生空位来稳定四方氧化锆。余下的金属原子独立存在于第二相/氧化物界面。

当第二相中的锆被氧化形成氧化锆时，由于原始第二相与新形成氧化锆之间的体积差导致应力产生，见图 7-4。氧化膜内第二相的氧化提供了新的应力源，这些应力可能使周围四方氧化锆稳定。此时，氧化膜中四方相由压应力和氧空位稳定。

随后，当一定厚度处的第二相粒子被基本氧化完全，最终第二相中的 Nb 氧化使氧化膜中空位浓度足够高以至于沿一定方向形成空位簇时，四方相将会优先转变为立方相来最小化体系能量[48]，并且由于 Nb 元素的大量氧化导致的体积膨胀加速了氧化膜中裂纹的形成，使氧化膜中压应力松弛，动力学转折发生，这与第二相粒子氧化结束相对应，因为此时氧化膜中空位浓度达到最高并且第二相粒子不再在氧化膜局部产生额外压应力。这就可以解释转折后立方相含量明显增高的现象。立方相是在四方相向单斜相转变过程中形核的。随着氧化过程的不断进行，氧化膜/金属界面向前推进，新生成的氧化锆中保持较高的压应力，先前生成的氧化锆中压应力被松弛，导致氧化膜从内到外四方相含量在不断下降。认为氧化膜中的立方相是由 Nb 氧化产生的空位稳定的。

总体来说氧化膜中四方相含量在减少，并且在氧化转折处对应着压应力的松弛。转折过程中，在氧化物的外部区域仍有一些四方氧化锆没有转变成单斜氧化锆。这些四方氧化锆可能是由于第二相粒子氧化后产生的局部压应力以及 Fe、Cr、Nb 等合金元素在氧化锆晶体点阵中存在产生的化学缺陷而稳定的。这被前面有关转折后样品氧化膜外层的拉曼

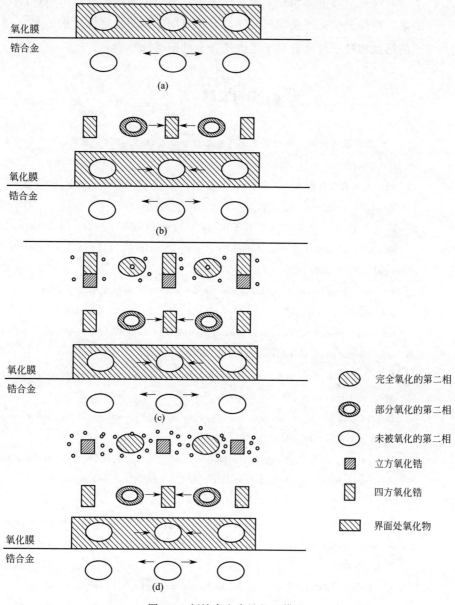

图 7-4　新锆合金腐蚀机理模型

光谱以及小角度 X 射线衍射结果确定，即外层氧化膜中由第二相中添加元素稳定的四方氧化锆含量很低。这与前面 Cox 的研究结果一致。因此说，氧化膜中四方相大部分由压应力稳定，小部分由化学稳定，而立方相主要由合金元素，尤其是 Nb 氧化过程产生的空位簇稳定。

另外，小的第二相粒子被快速氧化，缩短了腐蚀的转折前阶段。大的第二相粒子氧化需要较长时间，但是对四方相的稳定性影响很小。合适的第二相粒子尺寸有利于提高锆合金的耐腐蚀性能。

参考文献

[1] 二机部科技情报所. 国外核电站压水堆燃料元件设计 [M]. 北京：原子能出版社，1980.

[2] [苏] 扎依莫夫斯基 A C 等. 核动力用锆合金 [M]. 姚敏智译. 北京：原子能出版社，1988.

[3] Jeong Y H, Kim H G, Kim T H. Effect of β phase, precipitate and Nb-concentration in matrix on corrosion and oxide charaeteristics of Zr-xNb alloys [J]. Journal of Nuclear Materials, 2003, 317: l-12.

[4] Kim S J, Hong H S, Oh Y M. Study of the thermoelectric power evolution of Zr-based alloys with Nb additions [J]. Journal of Nuclear Materials, 2002, 306: 194-201.

[5] Dey G K, Singh R N, Tewari R, et al. Metastability of the β-Phase in Zr-rich Zr-Nb alloys [J]. Journal of Nuclear Materials, 1995, 224: 146-157.

[6] Jeong Y H, Lee K O, Kim H G. Corrosion between microstructure and corrosion behavior of Zr-Nb binary alloy [J]. Journal of Nuclear Materials, 2002, 302: 9-19.

[7] Dalgard S B. The corrosion resistance of Zr-Nb and Zr-Nb-Sn-alloys in high-temperature water and steam [J]. AECL, 1961, 7: 1308.

[8] Jeong Y H, Kim H G, Kim D J, et al. Influenee of Nb concentration in the α-matrix on the corrosion behavior of Zr-xNb binary alloys [J]. Journal of Nuclear Materials, 2003, 323: 72-80.

[9] Choo K N, Kang Y H, Pyum S I, et al. Effect of composition and Heat Treatment on the microstructure and corrosion Behavior of Zr-Nb Alloys [J]. Nuclear Materials, 1994, 209: 226-235.

[10] Barberis P, Charquet D, Rebeyrolle V. Ternary Zr-Nb-Fe (O) system: phase diagram at 853K and corrosion behaviour in the domain Nb<0.8% [J]. Journal of Nuclear Materials, 2004, 326: 163-174.

[11] Kim H G, Park J Y, Jeong Y H. Ex-reactor corrosion and oxide characteristics of Zr-Nb-Fe alloys with the Nb/Fe ratio [J]. Journal of Nuelear Materials, 2005, 345: 1-10.

[12] McCullough J D, Trueblood K N. The crystal structure of baddeleyite (monoclinic ZrO_2) [J]. Acta Crystallogr, 1959, 12: 507.

［13］ Smith D K, Newkirk H W. The crystal structure of baddeleyite (monoclinic ZrO_2) and its relation to the polymorphism of ZrO_2 ［J］. Acta Crystallogr, 1965, 18: 983.

［14］ Howard C J, Hill R J, Reichert B E. Structures of ZrO_2 polymorphs at room temperature by high-resolution neutron powder diffraction ［J］. Acta Crystallogr, 1988, B44: 116.

［15］ Teufer G. The crystal structure of tetragonal ZrO_2 ［J］. Acta Crystallogr, 1962, 15: 1187.

［16］ Aldebert P, Traverse J P. Structure and ionic mobility of zirconia at high temperature ［J］. J. Am. Ceram. Soc. , 1985, 68: 34.

［17］ Ackermann R J, Garg S P, Rauh E G. High－temperature phase diagram for the system Zr ［J］. J. Am Ceram. Soc. , 1977, 60: 341.

［18］ Subbarao E C. Zirconia—an overview. Science and Technology of Zirconia ［M］. Advances in Ceramics, vol. 3. Columbus, OH: The American Ceramic Society, 1981.

［19］ Grain C F. Phase relations in the ZrO_2-MgO system ［J］. J. Am. Ceram. Soc. , 1967, 50: 288.

［20］ Stubican V S, Ray S P. Phase equilibria and ordering in the system ZrO_2-CaO ［J］. J. Am. Ceram. Soc. , 1977, 60: 534.

［21］ Goff J P, Hayes W, Hull S, Hutchings M T, Clausen K N. Defect structure of yttria-stabilized zirconia and its influence on the ionic conductivity at elevated temperatures ［J］. Phys. Rev. B, 1999, 59: 14202.

［22］ Stefanovich E V, Shluger A L, Catlow C R A. Theoretical study of the stabilization of cubic-phase ZrO_2 by impurities ［J］. Phys. Rev. B, 1994, 49: 11560.

［23］ Finnis M W, Paxton A T, Methfessen M, van Schilfgaarde M. Crystal structures of zirconia from first principles and self-consistent tight binding ［J］. Phys. Rev. Lett. , 1998, 81: 5149.

［24］ Fabris S, Paxton A T, Finnis M W. Relative energetics and structural properties of zirconia using a self-consistent tight-binding model ［J］. Phys. Rev. B, 2000, 61: 6617.

［25］ Fabris S, Paxton A T, Finnis M W. Free energy and molecular dynamics calculations for the cubic-tetragonal phase transition in zirconia ［J］. Phys. Rev. B, 2001, 63: 94101.

［26］ Li P, Chen I, Penner-Hahn J E. X-ray-absorption studies of zirconia polymorphs. Ⅰ. Characteristic local structures ［J］. Phys. Rev. B, 1993, 48: 10063.

［27］ Li P, Chen I, Penner-Hahn J E. X-ray-absorption studies of zirconia polymorphs. Ⅱ. Effect of Y_2O_3 dopant on ZrO_2 structure ［J］. Phys. Rev. B, 1993, 48: 10074.

［28］ Li P, Chen I, Penner-Hahn J E. X-ray-absorption studies of zirconia polymorphs. Ⅲ. Static distortion and thermal distortion ［J］ Phys. Rev. B, 1993, 48: 10082.

［29］ Li P, Chen I, Penner-Hahn J E. Low temperature degradation of zirconia under a high strength electric field. Am. Ceram. Soc. , 1994, 77: 118.

[30] Li P, Chen I, Penner-Hahn J E. Effect of dopants on zirconia stabilization-an X-ray absorption study：Ⅱ，tetravalent dopants [J]．Am. Ceram. Soc.，1994，77：1281.

[31] Li P, Chen I, Penner-Hahn J E. Effect of dopants on zirconia stabilization-an X-ray absorption study：Ⅲ．Charge-compensating dopants [J]．Am. Ceram. Soc.，1994，77：1289.

[32] Stapper G, Bernasconi M, Nicoloso N, Parrinello M. Ab-initio study of structural and electronic properties of yttria-stabilized cubic zirconia [J]．Phys. Rev. B, 1999, 59：797.

[33] Bogicevic A, Wolverton C, Crosbie G M, Stechel E B. Defect ordering in aliovalently doped cubic zirconia from first principles [J]．Phys Rev. B, 2001, 64：14106.

[34] Rossell H J. Crystal structures of some fluorite-related M_7O_{12} compounds [J]．J. Solid State Chem.，1976，19：103.

[35] Stubican V S, Hink R C, Ray S P. Phase Equilibria and ordering in the system ZrO_2-Y_2O_3 [J]．J. Am. Ceram. Soc.，1978，61：17.

[36] Garzarolli F, Seidsl H, Tricot R, et al. Oxide growth mechanism on Zircaloy. Zirconium in the Nuclear Industry：Ninth International Symposium [C]．Philadelphia：America Society for Testing and Materials，1991：395.

[37] Zhou B X, Jiang Y R. Oxidation of Zircaloy-2 in air from 500℃ to 800℃. High Temperature Corrosion and Protection, Proc Inter Sym [C] Shenyang, China：Liaoning Science and Technology Publishing House，1991：121.

[38] Godlewski J. How the tetragonal Zirconia is stabilized in the oxide Scale that is formed on a Zirconium alloy corroded at 400℃ in steam. Zirconium in the Nuclear Industry：Tenth International Symposium ［C］．Philadelphia：America Society for Testing and Materials，1994. 663.

[39] Bradhurst D H, Heuer P M. The influence of oxide stress on the breakaway oxidation of zircaloy-2 [J]．J. Nucl. Mater.，1970，37：35-47.

[40] Bradhurst D H, Leach J S L. The determination of fracture strains of growing surface oxides on mild steel at high temperatures [J]．Trans. Brit. Ceram. Soc.，1963，62：793.

[41] Buresch F E, Bollenrath F. Über die mechanische beanspruchung von zirconium und zircaloy-2 durch die korrosionsschicht [J]．J. Nucl. Mater.，1967，24：270.

[42] 周邦新，李强，刘文庆，姚美意，褚于良．水化学及合金成分对锆合金腐蚀时氧化膜显微组织演化的影响 [J]．稀有金属材料与工程，2006，35（7）：1009-1016.

[43] 刘文庆，李强，周邦新．锆锡合金腐蚀转折机理的讨论 [J]．稀有金属材料与工程，2001，30（2）：81-84.

[44] Godlewski J, Bouvier P, Lucazeau G, and Fayette L. Stress distribution measured by Ra-

man Spectroscopy in Zirconia films formed by oxidation of Zr-based alloys [C] . Zirconium in the Nuclear Industry: Twelfth International symposium, American Society for Testing and Materials, West Conshohocken, PA, 2000: 877-900.

[45] Hong H S, Kim S J, Lee K S. Long-term oxidation characteristics of oxygen-added modified Zircaloy-4 in 360℃ Water [J] . Journal of Nuclear Materials, 1999, 273: 177-181.

[46] Cox B, et al. Transient effects of Lithium hydroxide and Boric acid on Zircaloy corrosion [J] . J. Nucl. Mater, 1993, 199: 272-284.

[47] Beie H J, Mitwalsky A, Garzarolli F, et al. Examinations of the corrosion mechanism of Zirconium alloys [C] . Zirconium in the Nuclear Industry: New York, ASTM-STP-1245, 1994: 615-643.

[48] Godlewski J, Gross J P, Lambertin M, et al. Raman Spectroscopy study of the tetragonal to monoclinic transition in oxide scales and determination of overall oxygen diffusion by nuclear microanalysis of O^{18} [C] Zirconium in the Nuclear Industry: Ninth International Symposium, America, ASTM-STP-1132, 1991: 416-435.

第8章

石墨烯防腐涂层的制备及性能研究

8.1 引言

　　腐蚀是自然界普遍存在的现象，指的是在材料表面与周围介质的相互作用下发生化学或者电化学反应，并产生损耗与失效的过程[1]。周围恶劣的环境，包括潮湿的环境、酸碱性的土壤等，都会造成金属的腐蚀[2]。金属材料的腐蚀已然成为困扰业界多年的难题，每年因腐蚀造成的经济损失不计其数，有时甚至会对人们的生命安全构成威胁，因此，金属的腐蚀问题是现阶段急需解决的难题[3]。虽然金属的腐蚀是自然发生的，但通过有效的控制手段和防护措施可以减少金属腐蚀所引起的损失。因此，开发一种有效的防腐方式具有重大的意义。

　　金属防腐蚀的方法有很多，例如隔离腐蚀介质、电化学保护以及覆盖保护层等[4]。隔离腐蚀介质法和电化学保护法操作较为复杂、难以控制且成本较高。故而，人们更多地选择覆盖惰性材料保护层的方法来防止金属发生腐蚀[5-7]。但是，保护层材料大都耐温性差，且会改变原材料的尺寸和形貌，有时甚至会改变材料的理化性能[8,9]。特别是航天事业及微电子行业的迅猛发展对金属腐蚀防护的要求更为严格，所以开发超薄且不影响基体性能的涂层是防腐蚀领域发展的必然趋势。

　　为了达到很好的防腐蚀的目的，金属表面所覆盖的保护层应具有以下多种特性：

　　① 结构致密，有高的抗透性；

　　② 与基底有很好的结合性，不容易发生脱落；

③ 可均匀地完全覆盖在基底上；

④ 有较好的机械性能[10]。

石墨烯自从 2004 年被发现之后因其特殊的结构和优异的性能引起了科学界的极大关注[11]。石墨烯由单层碳原子构成，是目前已知的最薄的材料[12]。石墨烯有好的热和化学稳定性，单层石墨烯在空气中可承受 400℃ 的温度而不发生变化[13,14]。同时，石墨烯具有高气密性，其对气体完全不渗透，包括氦气分子[15]。此外，石墨烯还具有疏水性和超高的载流子迁移率，以及好的机械性能[16,17]。因此，石墨烯完全符合防腐涂层的要求，且将石墨烯作为金属材料的超薄防护涂层，可以在既不改变金属材料的尺寸和形状又不降低导热性的情况下预防金属发生腐蚀反应。

本章以石墨烯为防护材料，研究石墨烯在恶劣环境中对金属铜的防护作用，并通过原子层沉积法对石墨烯的缺陷进行钝化处理，以改善其防腐蚀性能，实现石墨烯对金属基底的完全保护，更进一步推进了石墨烯在金属腐蚀防护领域的应用，为后续石墨烯作为核用锆合金防腐涂层的研究提供了实验依据。

8.2　实验材料及方法

8.2.1　实验试剂及材料

本节所用到的试剂和材料主要是常压化学气相沉积法（APCVD）制备石墨烯以及原子层沉积法沉积 Al_2O_3 钝化颗粒过程中所使用的试剂和材料，其规格如表 8-1 所列。

表 8-1　实验所用试剂及材料

试剂名称	分子式	纯度	生产厂家
铜箔	Cu	99.8%	阿法埃莎化学试剂有限公司
丙酮	CH_3COCH_3	AR	天津市登峰化学试剂厂
酒精	C_2H_5OH	AR	天津市登峰化学试剂厂
聚甲基丙烯酸甲酯	$(C_5H_8O_2)_n$	AR	阿法埃莎化学试剂有限公司
氯苯	C_6H_5Cl	AR	天津市登峰化学试剂厂

续表

试剂名称	分子式	纯度	生产厂家
硝酸铁	$Fe(NO_3)_3$	AR	天津市北辰方正试剂厂
盐酸	HCl	AR	天津市登峰化学试剂厂
氯化钠	NaCl	AR	天津市登峰化学试剂厂
三甲基铝	C_3H_9Al	AR	阿拉丁试剂有限公司
去离子水	H_2O	—	实验室自制
氩气	Ar	99.99%	太原泰能气体有限公司
氢气	H_2	99.99%	太原泰能气体有限公司
甲烷	CH_4	99.99%	太原泰能气体有限公司

8.2.2 实验仪器

实验中所用的仪器如表 8-2 所列。

表 8-2 实验所用仪器

仪器名称	型号	厂家
超声波清洗器	KQ3200DE	昆山市超声仪器厂
CVD 管式炉	OTF-1200X	合肥科晶材料技术有限公司
匀胶机	Cee ®200X	Brewer Science
电子天平	FA2004	上海舜禹恒平科学仪器有限公司
电化学工作站	CHI604	上海辰华仪器有限公司
光学显微镜	VHX-2000	KEYENCE
聚焦离子束扫描电镜	LYRA3	TESCAN
高分辨率透射电子显微镜	JEM-2010	日本电子株式会社
激光共焦显微拉曼光谱仪	InVia	Renishaw
紫外-可见分光光度计	Hitachi U-3900	日立高新技术公司
X 射线光电子能谱仪	Amicus Budget	日本岛津

8.2.3 样品形貌及结构表征方法

（1）光学显微镜

石墨烯具有很好的透光性，且仅有 0.34nm 厚，在可见光范围内很难直接观察其形貌。将 CVD 石墨烯转移至 SiO_2 基底（厚度为 90～

300nm），可以在光学显微镜下较为清晰地观察石墨烯的形貌，且随着层数的增加，其颜色逐渐加深，这是利用了基体材料和石墨烯对光的反射率不相同的原理，如果定量处理这些反差信息就可以获得较为精确的层数信息。对于生长在铜基底上的石墨烯，通常在空气中对其加热氧化，未被石墨烯覆盖的地方被空气氧化，会变为橙色或红色，被石墨烯所覆盖的区域则没有明显变化，从而可以对石墨烯进行观察[18]。

（2）扫描电子显微镜（SEM）

扫描电子显微镜是样品表面形貌及微观结构的表征手段，主要依靠物质和电子间的相互作用对样品表面进行表征。其成像原理是：电子枪发射高能量的入射电子束，样品表面经电子束激发产生各种信号，这些信号通过收集处理系统最后在电脑上显示出来，从而得到选定区域的SEM 图。电子束轰击时，主要产生吸收电子、二次电子、俄歇电子、背散射电子、透射电子、特征 X 射线等信号，其中二次电子是轰击出的物质表面原子的核外电子，常被用来观察样品表面形貌[19]。虽然石墨烯激发二次电子的能力较弱，但其质软，会在金属基底上形成褶皱，在扫描电镜下能够清楚地看出其轮廓，故常用扫描电镜来表征石墨烯薄膜。

（3）高分辨率透射电子显微镜（HRTEM）

高分辨率透射电子显微镜是表征样品微观形貌和结构的有效方法之一，将加速和聚集后波长较短的电子束作为照明源照到样品上，这些具有能量的电子束与样品中的原子发生碰撞，相互作用，可产生反映样品微区的形貌、厚度、晶体结构及位向差等信息。通过 HRTEM 可以观察石墨烯的微观形貌和晶格像，在石墨烯的边缘可以直接表征其厚度，判断石墨烯的层数。还可以利用电子衍射获得石墨烯的层数、堆垛方式等信息。

（4）拉曼光谱仪

拉曼光谱是一种非常有效便捷用于碳材料表征的方法，可用于石墨烯质量、层数和掺杂类型的表征。在石墨烯拉曼光谱中（见图 8-1），有3 个主要特征峰：$1350cm^{-1}$ 处因缺陷引起的 D 峰；在 $1580cm^{-1}$ 附近因 E_{2g} 振动引起的 G 峰；在 $2700cm^{-1}$ 附近因双声子共振产生的 2D

（G′）峰。

通过分析拉曼光谱，可以判断所制备石墨烯的结晶性及层数。D 峰与 G 峰的强度比（I_D/I_G）反映了石墨烯的结晶性，I_D/I_G 的值越低，表示石墨烯结构中的缺陷越少，其结晶性越好，质量越好；2D 峰和 G 峰的强度比（I_{2D}/I_G）可以用来推测石墨烯的层数，但该方法只能大致推测其层数，且只适用于少层石墨烯，确切的层数还要参考紫外-可见吸收光谱结果来确定[20]。另一种确定石墨烯层数的方法就是对其 2D 峰进行分峰拟合，如图 8-2 所示，单层石墨烯的 2D 峰可拟合为单个洛伦兹峰，双层石墨烯的 2D 峰为 4 个洛伦兹峰的叠加，三层石墨烯的 2D 峰增加至 6 个洛伦兹峰，四层石墨烯的则为 3 个洛伦兹峰[21]。

（5）紫外-可见分光光度计（UV-vis）

紫外-可见分光光度计用来估算石墨烯的层数。理论与实验均表明，单层无缺陷石墨烯在波长为 550nm 处的吸光率约为 2.3%，且石墨烯的吸光率和层数呈线性相关，因而可通过 UV-vis 谱推测石墨烯的层数。在 250nm 左右存在 UV 型峰，此时光的吸收率最大，这是由能带间的电子跃迁所致[22]。

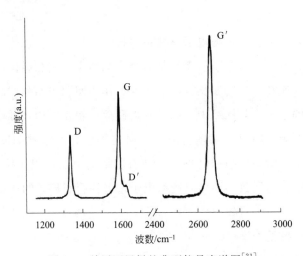

图 8-1　单层石墨烯的典型拉曼光谱图[21]

（6）X 射线光电子能谱仪（XPS）

XPS 是一种常用的表面表征方法，主要用来分析物质的成分和化学态，在样品表面元素的定性和定量分析等方面有广泛的应用。其基本

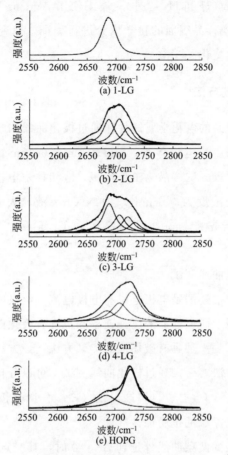

图 8-2　不同层数的石墨烯的 2D 峰洛伦兹拟合谱[21]

原理是光电离作用，以元素特征 X 射线（一般为 Mg 的 K_α 线或 Al 的 K_α 线）为激发源照射样品，入射光子与样品中的原子的内层电子互相作用，产生了光电子，产生的光电子从样品表面克服逸出功激发逸出，通过原子激发前后的能量差可以分析样品的成分，见式(8-1)：

$$E_b = h\nu - E_k \qquad (8\text{-}1)$$

式中　E_b——电子结合能；

　　　$h\nu$——入射光电子的能量；

　　　E_k——光电子动能。

　　式（8-1）中 $h\nu$ 和 E_k 是已知的，可求出 E_b[23]。因为各种元素均有所对应的电子结合能，故可以通过上式来分析样品表面的元素种类及所处的化学状态（H 和 He 除外）。本书使用 Amicus Budget 型 XPS 能谱仪对石墨烯/铜样品表面的化学成分进行表征，研究其腐蚀前后化学成分和键结合的变化。

8.2.4　电化学测试方法

本研究样品的电化学腐蚀性能通过极化曲线和电化学阻抗谱（EIS）进行测试。采用三电极体系，1cm×1cm×0.1cm 的铂电极为对电极，面积为 1cm×1cm 的样品为工作电极，饱和甘汞电极（SCE）为参比电极，电解液是浓度为 0.1mol/L 的 NaCl 溶液，为确保实验的稳定性，在实验测试前先将测试样品静置在 NaCl 溶液中 1h，使其达到稳定状态。

（1）极化曲线测试

极化曲线描述的是电极电位和电极电流（电极电流密度）间的函数关系，主要用于研究样品的腐蚀速率和机理。极化曲线测试会引起实验样品的腐蚀，是一种具有破坏性的测试方法，该方法是研究材料腐蚀性能最主要的方法之一。通过极化曲线测试，可以分析覆盖有涂层金属的腐蚀电流密度（J_{coor}）、自腐蚀电位（E_{coor}）以及极化电阻（R_p）等参数，进而研究涂层的抗腐蚀性能。

极化曲线的两条曲线外延到 $\Delta E = 0$ 时，其交点为 E_{coor}，该点所对应的电流密度即为 J_{coor}，E_{coor} 处切线的斜率为极化电阻 R_p，计算公式为：

$$R_p = \frac{b_a b_c}{2.303 \times (b_a + b_c) \times J_{coor}} \tag{8-2}$$

式中　b_a、b_c——拟合直线的斜率[24]。

自腐蚀电位可评价样品的腐蚀敏感性，其值越低，说明样品发生腐蚀反应的倾向性越大；腐蚀电流密度用于衡量样品腐蚀的快慢程度，其值越小，表明样品的腐蚀速率越慢，即样品的抗腐蚀性越好；极化电阻衡量电极反应的阻力，其值越高，样品抗腐蚀性越好。

（2）电化学阻抗谱测试（EIS）

电化学交流阻抗谱是将微小振幅的正弦波（电流或电压）作为干扰信号通入电化学体系中，相对应地输出阻抗、电压、电流等信息的测量方法，所施加的扰动信号的振幅很小，对系统几乎没有影响，是一种无损坏的测量方式。该方法也是研究材料腐蚀机理最主要的方法之一。通过分析处理输出信号与交流信号频率间的关系，可以获取电极表面的阻抗、电极过程动力学等方面的信息。根据阻抗图谱也可以推测出电极的等效电路图，通过软件对测试结果拟合，得到涂层的电阻以及电容，界面双电层电容和电荷转移电阻等有关参数，用于研究材料的电化学腐蚀性能及机理。

通过电化学交流阻抗测试能够得到两个图谱——能斯特图谱和波特图谱。能斯特图谱表示阻抗的实部和虚部间的关系，图谱中，半圆弧越大说明阻抗模值（$|Z|$）越大；波特图有两个，一个是描述相位角和扫描频率间的关系，另一个是描述阻抗模值和扫描频率的关系，低频时$|Z|$代表材料的抗腐蚀性能，$|Z|$值越大，测试样品的抗腐蚀性越好[25]。

8.3　化学气相沉积法制备石墨烯

8.3.1　石墨烯的制备过程

采用 APCVD 法，用铜箔为衬底、甲烷为碳源、氩气和氢气分别为载气和还原气体制备石墨烯（见图 8-3）。将铜箔依次用酒精、丙酮超声清洗 10min 以除去其表面的杂质，吹干后将其置于管式炉的石英管中部。为避免系统中的杂质气体影响所制备的石墨烯的质量，在反应前需对系统进行清洗。清洗过程如下：将氩气流量控制器打到"清洗"挡，保持10min，然后将系统抽真空至 10^{-2}Torr❶，再通入氩气至常压，接着再抽真空，通氩气，重复该清洗过程 3 次，确保石英管内没有残余的空气。

实验流程如图 8-4 所示。在 500sccm❷ 氩气气氛下，以 10℃/min 的速

---

❶　Torr，压强单位，1Torr＝133.3223684Pa。

❷　sccm，体积流量单位，含义为 mL（标准）/min

率升温至退火温度 1050℃，再通入 100sccm 的氢气，保温 30min，以此除去铜箔表面的氧化物，并促使铜晶粒再结晶。接着，将系统温度降至石墨烯的生长温度 1000℃，通入一定流量的甲烷，氢气和氩气流量保持不变，开始生长石墨烯，反应一定的时间。反应结束后，停止通入甲烷，并迅速降温至室温。

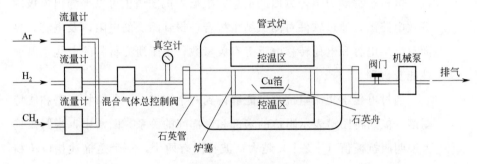

图 8-3　实验装置示意

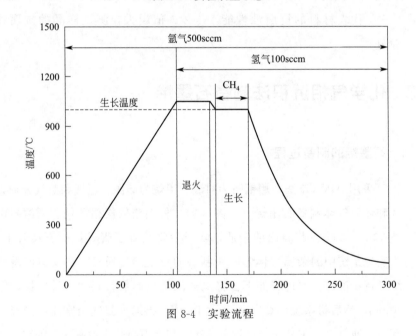

图 8-4　实验流程

8.3.2　样品形貌及结构表征

石墨烯生长前需对铜箔高温退火，在除去其表面氧化物的同时还可以促使铜晶粒再结晶，以改善其表面的形貌。如图 8-5 所示，退火前的铜箔表面有很多平行的划痕，这是铜箔生产过程中留下的。而退火后，铜箔上的划痕明显减少，且铜箔表面显现出了明显的晶界。

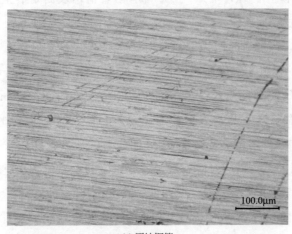

(a) 原始铜箔

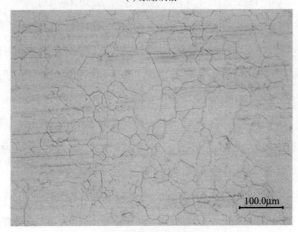

(b) 高温退火后的铜箔

图 8-5　铜箔的光镜图

（1）反应时间对石墨烯生长的影响

书后彩图 1、彩图 2 为不同反应时间制备的石墨烯的形貌表征结果。其中，彩图 1（a）～（c）为转移至 SiO_2/Si 基底的石墨烯的光镜图。彩图 1（d）～（f）为不同反应时间的石墨烯的 SEM 图，彩图 1（g）～（i）为不同反应时间的石墨烯的 TEM 图。对比彩图 1（a）、 (b)、(c) 可知，随着反应时间的逐渐延长，石墨烯的连续性变好，颜色加深，当时间延长至 15min 以后，石墨烯的连续性不再有明显的变化[彩图 2 (a)、(b)、(c)，该 3 个分图为不同反应时间的石墨烯的光镜图]。从彩图 1 (a) 可知，石墨烯有沿着铜箔表面划痕生长的趋势，这表明基底会影响石墨烯的生长。对比不同反应时间下铜箔上石墨烯的 SEM 图，当反应时间为 10min 时，在原有的石墨烯层上会继续生长出石墨烯，彩图 1 中颜色较深的区域即为石墨烯上生长出的另一层石墨烯。延长反应时间，石墨烯趋于连续，当反应时间为 15min 时，石墨烯几乎覆盖了整个铜箔表面。继续延长反应时间，反应时间为 20min、25min 和 30min 的石墨烯的 SEM 图如书后彩图 2 (d) ～ (f) 所示（该 3 个分图为不同反应时间石墨烯的 SEM 图），石墨烯的连续性几乎不再发生明显变化，表明当反应时间至 15min 后，石墨烯不会继续生长。不同反应时间制备的石墨烯的 TEM 图中均明显地显示了石墨烯片层的边缘结构，其中书后彩图 1 (g) 有一条单层边界，可以初步推测，5min 石墨烯为单层石墨烯；书后彩图 1 (h) 有两条边界，经测量，其间距约为 0.34nm，证明所制备的石墨烯为双层石墨烯；书后彩图 1 (i) 中，间距约为 0.34nm 的三层边界清晰可见，即反应时间为 15min 的石墨烯为三层石墨烯，也就是说反应时间为 5min、10min、15min 石墨烯依次为单层、双层和三层石墨烯。反应时间为 20min、25min 和 30min 的石墨烯的 TEM 图[见书后彩图 2(g)～(i)]中，均有间距约为 0.34nm 的三层边界，即获得的石墨烯均为三层。

使用拉曼光谱仪对不同反应时间制备的石墨烯进行结构表征，扫描范围为 1000～3000cm^{-1}。图 8-6 为石墨烯在 SiO$_2$/Si 基底的拉曼光谱图。

由图 8-6 可知，在 514nm 的激发波长下，不同反应时间的石墨烯样品均在 1350cm^{-1}、1580cm^{-1}、2700cm^{-1} 左右出现了 3 个特征峰——D 峰、G 峰和 2D 峰。通过分析拉曼光谱中 2D 峰和 G 峰的强度比（I_{2D}/I_G），能够初步判断所制备石墨烯的层数。反应时间为 5min 的拉曼光谱中，I_{2D}/I_G 的值是 2.39，说明所生长的石墨烯是单层的；反应时间为 10min 的 I_{2D}/I_G 的值是 0.74，说明所生长的石墨烯为 2～3 层石墨烯；反应时间为 15min、20min、25min 和 30min 的拉曼光谱中，

I_{2D}/I_G 的比值依次为 0.58、0.58、0.59 和 0.54，即所生长的石墨烯均为少层石墨烯[26]。在反应时间为 15min 的石墨烯拉曼光谱中，缺陷峰 D 峰并不明显，这表明石墨烯缺陷很少且有序性较好，但随着反应时间的延长，D 峰峰强有所增加，即随着反应时间的延长，石墨烯的缺陷和无序度会有所增加。拉曼光谱结果表明，生长初期，石墨烯的层数会随着反应时间的延长而增加，当反应时间延长至 15min 时继续延长反应时间，所制备的石墨烯层数将不会增加。

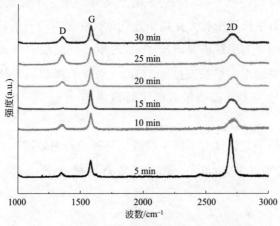

图 8-6　不同反应时间的石墨烯的拉曼光谱图

使用紫外-可见分光光度计表征所制备石墨烯样品的结构，结果如书后彩图 3 所示。

在 550nm 处，反应时间为 5min、10min、15min、20min、25min 和 30min 的石墨烯的透光率依次为 96.03%、94.87%、93.01%、93.02%、92.65%、93.03%。研究证明，当层数较少时，石墨烯的透光率为 100%−2.3%×n（n 为层数），根据上式，可推测出反应时间为 5min 和 10min 的石墨烯层数分别为一层和两层，反应时间为 15min、20min、25min 和 30min 的石墨烯层数则均为三层。结合拉曼光谱结果可确定，反应时间为 5min 的石墨烯为单层石墨烯，10min 的为两层石墨烯，15min 的为三层石墨烯，继续增加反应时间，石墨烯的层数将不再增多；当反应时间为 20min、25min 和 30min 的石墨烯均为三层石墨烯层。该结果与透射电镜的表征结果一致。

（2）甲烷流量对石墨烯生长的影响

书后彩图 4、彩图 5 为不同甲烷流量下制备的石墨烯的光学显微镜以及扫描电镜图，其中书后彩图 4(a)～(c) 为不同甲烷流量的石墨烯的光镜图，彩图 4(d)～(f) 为不同甲烷流量的石墨烯的 SEM 图；彩图 5 (a)、(b) 为不同甲烷流量的石墨烯的光镜图，彩图 5(c)、(d) 是不同流量的石墨烯的 SEM 图。

可见，甲烷流量为 1sccm 时，几乎没有石墨烯生成；当甲烷流量增大至 2sccm 时，有少量的六边形的石墨烯生成；甲烷流量为 5sccm 时，六边形的石墨烯逐渐长大并趋于连续，且在原有的石墨烯层上会继续生长出石墨烯；当甲烷流量增至 10sccm 时，连续的石墨烯覆盖了整个铜箔表面；继续增大甲烷流量至 15sccm 时，石墨烯的形核密度增大，石墨烯连续性变差。该结果表明甲烷流量为 10sccm 时石墨烯的连续性最好。

使用拉曼光谱仪对不同甲烷流量制备的石墨烯进行结构表征，扫描范围为 $1000\sim3000\mathrm{cm}^{-1}$。图 8-7 为石墨烯在 SiO_2/Si 基底的拉曼光谱图。

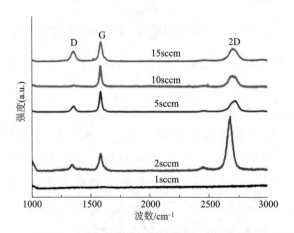

图 8-7　不同甲烷流量的石墨烯的拉曼光谱图

由图 8-7 可知，在 514nm 的激发波长下，甲烷流量为 1sccm 的拉曼光谱中，并没有出现石墨烯的特征峰，即没有石墨烯生成。甲烷流量为 2sccm、5sccm、10sccm 和 15sccm 石墨烯样品均在 $1350\mathrm{cm}^{-1}$、$1580\mathrm{cm}^{-1}$、$2700\mathrm{cm}^{-1}$ 左右出现了 3 个特征峰——D 峰、G 峰和 2D 峰。

甲烷流量为 2sccm 的拉曼光谱中，I_{2D}/I_G 的值是 2.69，说明所生长的石墨烯是单层的；甲烷流量为 5sccm、10sccm 和 15sccm 的拉曼光谱中，I_{2D}/I_G 的比值依次为 0.56、0.58 和 0.68，即所生长的石墨烯均为少层石墨烯。甲烷流量为 10sccm 时，缺陷峰 D 峰并不明显，这表明石墨烯缺陷很少且有序性较好，但甲烷流量为 2sccm、5sccm 和 15sccm 的石墨烯拉曼光谱中，I_D/I_G 的比值依次为 0.47、0.31 和 0.54，表明所制备的石墨烯存在一定的缺陷。

使用紫外-可见分光光度计表征所制备石墨烯样品的结构，进一步确定石墨烯的层数，结果如图 8-8 所示。在 550nm 处，甲烷流量为 2sccm、5sccm、10sccm 和 15sccm 的石墨烯样品的透光率依次为 96.5%、92.7%、93.0%、90.9%。结合拉曼光谱结果可确定，甲烷流量为 2sccm 的石墨烯为单层石墨烯，5sccm、10sccm 和 15sccm 均为三层石墨烯。拉曼光谱和紫外-可见吸收光谱结果表明，当甲烷流量很小时，无法生成石墨烯，逐渐增大甲烷流量，石墨烯的层数增加；当甲烷流量增至 5sccm 时，所制备的石墨烯为三层石墨烯；继续增大甲烷流量，其层数不再增加。

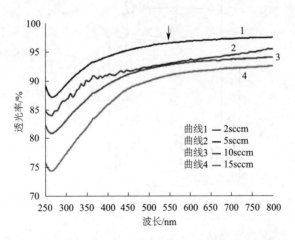

图 8-8　不同甲烷流量的石墨烯的紫外-可见吸收光谱图

从上面实验结果可知，采用 APCVD 法在铜基底成功制备了石墨烯，随着反应时间的延长，石墨烯的层数逐渐增加，当时间延长至 15min 时其层数为三层，且继续延长反应时间石墨烯层数不再增加，即在铜箔上生长石墨烯时会表现出一定的自限制性。甲烷流量较小时无法生成石墨烯，甲烷流量为 2sccm 时石墨烯开始生长，逐渐增大甲烷流量，石墨烯的层数增加且变得连续；当流量增至 5sccm，其层数为三层；甲烷流量增大至 10sccm 时，生长出连续的石墨烯，但层数不再增加，继续增大甲烷流量，石墨烯的形核密度增大，其连续性变差。反应时间为 15min、甲烷流量为 10sccm 时所制备的石墨烯缺陷密度最小，连续性最好。

8.4　石墨烯改善铜抗腐蚀性能研究

8.4.1　实验过程

实验装置如图 8-9 所示。

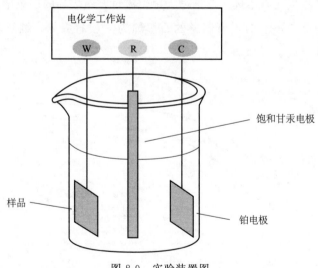

图 8-9　实验装置图

（1）极化曲线测试

极化曲线测试在开路电压稳定后开始，扫描速率为 1mV/s。采用三电极体系，饱和甘汞电极为参比电极，1cm×1cm×0.1cm 的铂电极为对电极，面积为 1cm×1cm 的样品为工作电极，电解液是浓度为 0.1mol/L 的 NaCl 溶液。

（2）电化学阻抗谱测试

电化学阻抗谱在开路电压稳定后开始测试，扫描频率为 $0.01\sim$ 10^5 Hz，采用饱和甘汞电极为参比电极、1cm×1cm×0.1cm 的铂电极为对电极、面积为 1cm×1cm 的样品为工作电极的三电极体系，电解液是 0.1mol/L NaCl 溶液。测试结果由 ZsimDemo 软件拟合。

8.4.2 抗氧化能性分析

将不同时间下所制备的石墨烯样品在空气中加热到 200℃ 氧化 10min，用光学显微镜和扫描电镜对样品进行观察，对比样品加热前后形貌的变化。如书后彩图 6 所示，光镜下很难区分石墨烯和铜箔。书后彩图 6（a）、（d）、（g）、（j）为铜箔和石墨烯在空气中加热前的光镜图；彩图 7（b）、（e）、（h）、（k）为铜箔和石墨烯在空气中加热后的 SEM 图。加热后，纯铜箔变为橙色，甚至有些区域变成了红色，这是铜被氧化所致［书后彩图 6（b）］。覆盖反应时间为 5min 的石墨烯的铜箔有些区域变为橙色，这表明铜箔的部分区域被氧化［书后彩图 6（c）］。而覆盖反应时间为 10min 和 15min 的石墨烯的铜箔，其颜色几乎与加热前的一样，没有明显的变化，这说明铜箔并没有被明显氧化。

同样，如书后彩图 7 所示，覆盖反应时间为 20min、25min 和 30min 的石墨烯的铜箔颜色也几乎没有变化；其中，书后彩图 7（a）、（d）、（g）为石墨烯在空气中加热前的光镜图，彩图 7（b）、（e）、（h）为石墨烯在空气中加热后的光镜图，彩图 7（c）、（f）、（i）为石墨烯在空气中加热后的 SEM 图。该实验结果证明石墨烯有保护铜不被氧化的作用，而覆盖反应时间为 5min 的石墨烯的铜箔之所以部分区域会被氧化，是因为生长时间太短，没有获得连续的石墨烯，铜箔表面未被完全覆盖，有些地方直接暴露在空气中，与空气接触，从而发生氧化反应。使用扫描电镜对加热后的样品进一步表征，如书后彩图 6（c）所示，纯铜箔的表面相当粗糙，几乎全部被氧化了。而覆盖反应时间为 5min 的石墨烯的铜箔样品部分区域变得粗糙，有被氧化的迹象。覆盖反应时间为 10min、15min、20min、25min 和 30min 的石墨烯的铜箔加热后，表面几乎没有明显的变化，该结果与光学显微镜观察的结果一致，即石墨烯具有保护铜不被氧化的作用。在加热后石墨烯的扫描图中存在一些亮色的小颗粒，它们大多出现在石墨烯的缺陷和晶界处，这是铜的氧化物。这表明氧化反应会率先发生在缺陷和晶界处，即石墨烯具有保护铜的作用，但生长过程中不可避免的缺陷及晶界会影响其保护作用。书后彩图 7（f）、（i）中样品存在一些褶皱，这可能是因石墨烯和铜箔热膨胀系数不同所致[27]。

采用拉曼光谱仪对加热后的样品进行表征，扫描范围为 200～3000cm^{-1}。如书后彩图 8 所示，加热后，覆盖石墨烯样品的拉曼光谱中均出现了石墨烯的特征峰，表明加热后石墨烯仍很好地覆盖在铜箔的表面，并没有发生降解。加热后的纯铜箔在 200～800cm^{-1} 的范围内出现了多个氧化峰，其中 214cm^{-1}、528cm^{-1} 以及 627cm^{-1} 处为 Cu_2O 所对应的峰，336cm^{-1} 处为 CuO 所对应的峰[28,29]。同样，覆盖反应时间为 5min 石墨烯的铜箔样品在 214cm^{-1} 和 627cm^{-1} 附近也出现了氧化峰，这表明其表面有 Cu_2O 的存在，即该样品有被氧化的迹象。而覆盖反应时间为 10～30min 石墨烯的铜箔样品的拉曼光谱中并不存在明显的氧化峰，这表明这些样品的表面并没有铜的氧化物存在或者铜的氧化物的含量极低，即这些样品没有明显被氧化的迹象。该表征结果同样说明了石墨烯具有抗氧化的作用。

8.4.3 抗腐蚀性能分析

（1）极化曲线测试

图 8-10 为纯铜箔和覆盖石墨烯的铜箔样品的极化曲线。

对极化曲线进行分析，得到表 8-3。

表 8-3 极化曲线的测试结果

样品	腐蚀电位/V	腐蚀电流密度/（A/cm^2）
Cu	−0.258	1.919×10^{-5}
5min	−0.269	2.073×10^{-5}
10min	−0.208	7.946×10^{-6}
15min	−0.099	1.882×10^{-6}
20min	−0.14	1.753×10^{-6}
25min	−0.195	3.631×10^{-6}
30min	−0.207	3.874×10^{-6}

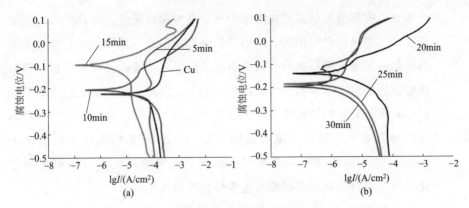

图 8-10　样品的极化曲线

从表 8-3 可知覆盖生长时间为 5min 石墨烯的铜箔样品自腐蚀电位比纯铜箔的低 0.011V，且腐蚀电流密度比纯铜箔的大，说明反应时间为 5min 的石墨烯并未起到保护作用。而覆盖反应时间为 10min、15min、20min、25min 和 30min 石墨烯样品的腐蚀电位比纯铜箔的依次高 0.05V、0.159V、0.118V、0.063V、0.051V，说明石墨烯的存在可以降低铜箔的腐蚀敏感度，而覆盖反应时间为 15min 石墨烯的样品自腐蚀电位最高，说明它的腐蚀敏感度最低；对比样品的腐蚀电流密度，覆盖 10min、15min、20min、25min 和 30min 石墨烯样品的腐蚀电流密度均比纯铜箔的小，其中覆盖 15min 石墨烯的铜箔腐蚀电流密度最低，比纯铜箔低了 1 个数量级。这说明只有连续的石墨烯才能减缓铜的溶解速率，且反应时间为 15min 的石墨烯防护作用最好。虽然 20min、25min 和 30min 石墨烯与 15min 石墨烯的层数相同，均为 3 层，但它们的防腐蚀性能并没有反应时间为 15min 的好，结合拉曼光谱测试结果可知，这主要是因为随着生长时间的延长，石墨烯缺陷增多，因此降低了其防腐蚀性能。该结果表明石墨烯具有保护铜不被腐蚀的作用，且其防护作用随着石墨烯的连续性及层数增加而增强，但生长过程中存在的缺陷会减弱这种防护作用。

理论上，石墨烯薄膜相当于腐蚀溶液与铜箔之间的屏障，通过阻挡铜箔与溶液之间的离子交换来达到其抗腐蚀的目的。反应时间为 5min 的石墨烯之所以没有起到明显的防护作用是因为它是单层石墨烯，生长过程中不可避免的缺陷或石墨烯的局部不连续性会使铜箔表面并未被完全覆盖，有部分区域暴露在溶液中从而发生腐蚀反应。随着生长时间的延长，石墨烯的层数增加，其内部孔洞和局部的不连续区域会被相邻的石墨烯层覆盖，使得铜箔表面被石墨烯薄膜完全覆盖，故少层石墨烯的防腐蚀性能好于单层石墨烯。虽然 20min、25min 和 30min 的石墨烯和 15min 的石墨烯的层数均为三层，但 20min、25min 和 30min 的石墨烯结构较为混乱，存在一定的缺陷，故 15min 石墨烯防腐蚀性能优于 20min、25min 和 30min 石墨烯。因此，石墨烯确实具有防腐蚀的作用，但其自身的缺陷及局部不连续性会减弱该作用。

书后彩图 9、彩图 10 为极化曲线测试后样品的光镜图。

与极化曲线测试前的纯铜箔表面相比，极化曲线测试后的纯铜箔的表面变为黑色，已被全部腐蚀。同样，覆盖反应时间为 5min 石墨烯的铜箔表面也几乎被全部腐蚀。而覆盖反应时间为 10～30min 石墨烯的铜箔表面仅部分区域出现腐蚀坑，且 15min、20min、25min 和 30min 石墨烯样品表面腐蚀程度明显低于 10min 石墨烯的样品。这表明石墨烯对铜具很好的防护作用，且随着其层数的增加，其抗腐蚀性能增强。

用 XPS 对极化曲线测试前后样品表面成分进行分析表征，结果如图 8-11 和图 8-12 所示。

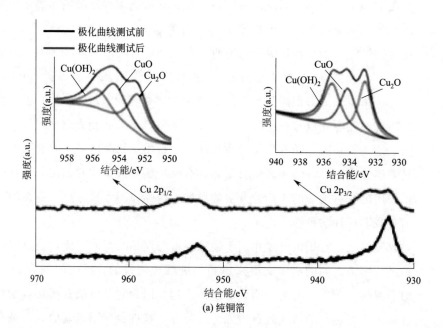

(a) 纯铜箔

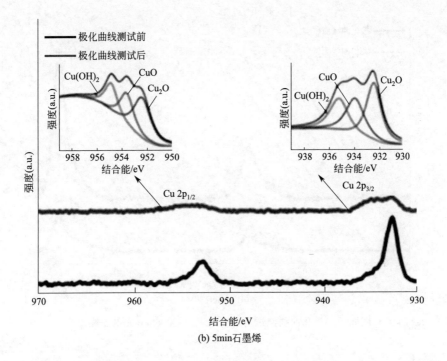

(b) 5min石墨烯

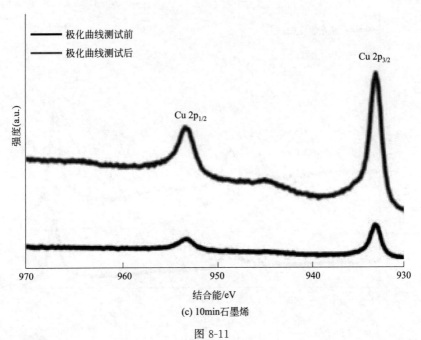

(c) 10min石墨烯

图 8-11

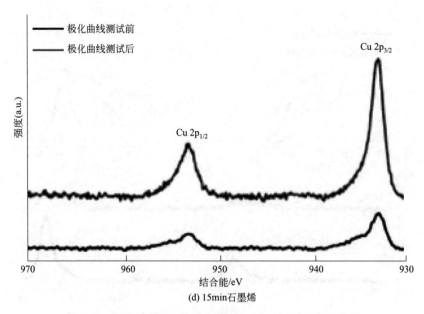

(d) 15min石墨烯

图 8-11 极化曲线测试前后样品表面 Cu 的 2p 光电子能谱

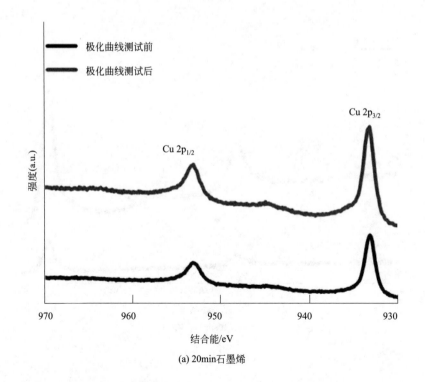

(a) 20min石墨烯

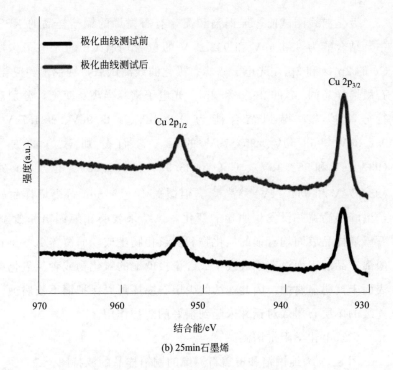

(b) 25min石墨烯

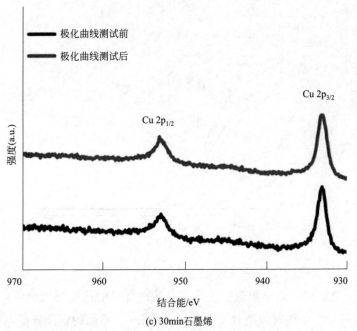

(c) 30min石墨烯

图 8-12　极化曲线测试前后样品表面 Cu 的 2p 光电子能谱

极化曲线测试前，纯铜箔和覆盖有石墨烯的铜箔样品的 XPS 能谱中，结合能为 932.6eV 和 952.2eV 的位置均有 Cu 的光电子谱峰——Cu 的 $2p_{3/2}$ 和 $2p_{1/2}$ 光电子谱峰。极化曲线测试后，纯铜箔和覆盖 5min 石墨烯样品的 Cu 的 $2p_{3/2}$ 和 $2p_{1/2}$ 光电子谱峰半高宽变宽，分别对其进行分峰拟合，得到结合能为 932.4eV、933.9eV、934.7eV 以及 952.3eV、953.5eV、954.7eV 的峰，它们分别对应的是 Cu_2O（932.4eV 和 952.3eV）、CuO（933.9eV 和 953.5eV）以及 Cu（OH）$_2$（934.7eV 和 954.7eV）[28,30,31]。但覆盖 10～30min 石墨烯样品的光电子谱峰半高宽并没发生明显的变化。该结果表明在纯铜箔和覆盖 5min 石墨烯样品表面均有铜的氧化物和氢氧化物生成，而覆盖 10～30min 石墨烯样品的表面没有生成或生成含量极低铜的氧化物或者氢氧化物，即表面未被明显腐蚀。因此连续的少层石墨烯可以保护铜不被腐蚀，而不连续的单层石墨烯对铜并未起到很好的防护作用。

（2）电化学阻抗谱测试

图 8-13 为纯铜箔和覆盖石墨烯的铜箔样品的波特图。

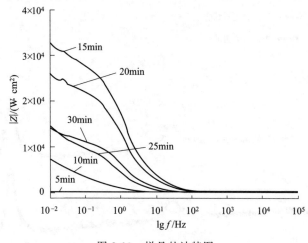

图 8-13　样品的波特图

低频时，阻抗模值（|Z|）反映材料的抗腐蚀性能[32]。从图 8-13 可知，低频时，覆盖反应时间为 5min 石墨烯的铜箔样品与纯铜箔的阻抗模值相差很少，随着石墨烯生长时间的延长，石墨烯所覆盖的铜箔样品的阻抗模值变大；其中，当反应时间为 15min 时，样品的阻抗模值

最大，即覆盖 15min 石墨烯样品的抗腐蚀性能最好，该测试结果与极化曲线的结果一致。

为了更好地研究样品的电化学行为，分析其腐蚀机理，通过等效电路图对所测得的实验结果进行拟合量化，结果如表 8-4 和表 8-5 所列。

样品的等效电路如图 8-14 所示，图中电阻元件的含义：R_s——电解液的电阻；R_f——气孔电阻；R_c——金属/电解液间电阻；Q_f——常相位角角元件（CPE），代表电极表面的导电路径，与电极表面的活性、粗糙度、电极气孔及电势和电流的分配相关；C_{dl}——金属和电解液之间的电容，和金属基体与电解液接触的面积大小有关。

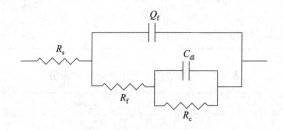

图 8-14　样品的等效电路

气孔电阻 R_f 和金属/电解液间电阻 R_c 的算数和（$R_f + R_c$）代表材料的抗腐蚀能力[33]。从表 8-4 和表 8-5 可知，覆盖反应时间为 5min 石墨烯样品的电阻 $R_f + R_c$ 值仅为纯铜箔的 40%，表明覆盖单层石墨烯的铜箔样品的抗腐蚀能力不及纯铜箔本身。而覆盖反应时间为 10min、15min、20min、25min 和 30min 石墨烯样品的电阻 $R_f + R_c$ 值依次约为纯铜箔的 1.7 倍、10.6 倍、4.5 倍、2.4 倍、1.8 倍，表明覆盖少层石墨烯的铜箔样品抗腐蚀能力较纯铜箔的好。其中，R_c 值分别约是纯铜箔的 4.3 倍、23.1 倍、8.9 倍、5.3 倍、3.7 倍，说明石墨烯薄膜可以有效地将铜基底与电解液隔离开来，避免溶液中离子与铜基底接触并发生腐蚀反应，从而起到抗腐蚀的作用。覆盖石墨烯的铜箔样品的 Q_f 值均比纯铜箔的低，这说明覆盖石墨烯的铜箔样品内电子、离子的传导路径比纯铜箔的少。金属/电解液电容 C_{dl} 和金属与电解液相接触的面积大小有关，而覆盖少层石墨烯的铜箔样品的 C_{dl} 值均比纯铜箔的小，说明少层石墨烯可以避免铜箔与电解液接触，从而抑制腐蚀的发生。

综上所述，铜箔表面覆盖的少层石墨烯确实可以改善铜抗腐蚀性能，单层石墨烯则由于自身的缺陷并未起到很好的改善作用。

表 8-4　等效电路中各个参数的拟合值

样品	Cu	5min	10min	15min
$R_s/(\Omega \cdot cm^2)$	39.83	36.64	34.56	35.78
$R_f/(\Omega \cdot cm^2)$	1897	768.2	1383	10870
$R_c/(\Omega \cdot cm^2)$	735.6	266.8	3183	16980
$R_f+R_c/(\Omega \cdot cm^2)$	2632.6	1034.9	4566	27850
$Q_f/(F/cm^2)$	2.988×10^{-4}	1.485×10^{-4}	1.053×10^{-4}	2.784×10^{-5}
n 指数	0.8059	0.5276	0.6171	0.817
$C_{dl}/(F/cm^2)$	0.0151	0.02257	0.00381	0.002598
卡方值	6.097×10^{-3}	4.072×10^{-3}	1.053×10^{-4}	1.18×10^{-3}

表 8-5　等效电路中各个参数的拟合值

样品	20min	25min	30min
$R_s/(\Omega \cdot cm^2)$	50.59	37.39	39.83
$R_f/(\Omega \cdot cm^2)$	5164	2310	1897
$R_c/(\Omega \cdot cm^2)$	6564	3884	2735.6
$R_f+R_c/(\Omega \cdot cm^2)$	11728	6194	4632.6
$Q_f/(F/cm^2)$	1.74×10^{-4}	3.051×10^{-5}	2.998×10^{-5}
n 指数	0.7292	0.8125	0.8059
$C_{dl}/(F/cm^2)$	0.00219	0.003153	0.00151
卡方值	5.889×10^{-5}	2.957×10^{-3}	1.775×10^{-3}

从上面研究结果可知，CVD 石墨烯可以保护铜不被氧化，CVD 石墨烯中不可避免的缺陷会影响其抗氧化性能；电化学测试结果表明，反应时间为 5min 的单层石墨烯并不能有效保护铜不被腐蚀，而反应时间为 15min 的三层石墨烯对铜的保护作用最强，与纯铜箔相比较，其自腐蚀电位提高了 0.159V，腐蚀电流密度降低了 1 个数量级，电阻增大了 10 倍。这是由于单层石墨烯内存在较多的缺陷，甚至有局部铜表面裸露在外，而三层石墨烯能完全覆盖铜基底，将其与腐蚀介质隔离而不被

腐蚀；电化学阻抗拟合结果表明通过避免铜箔表面与腐蚀液接触和减少铜箔内的导电路径，少层石墨烯可以有效地保护铜不被腐蚀；石墨烯的抗氧化性能和抗腐蚀性能与自身的层数、连续性及缺陷密度相关，石墨烯越连续、层数越多、缺陷密度越小，其抗氧化性能和抗腐蚀性能越好，对铜的防护作用越好。

8.5　石墨烯缺陷钝化对铜抗腐蚀性能的影响

原子层沉积（ALD）是化学气相沉积法的一种，最先由芬兰科学家 Suntola[34] 提出。经过科研工作者的不断探索研究，该技术发展得相当成熟，已被广泛地应用在液晶显示和工业涂层等领域。

ALD 的原理如图 8-15 所示[35]，反应过程主要分为以下 4 步：

① 前驱体 A 由载气（惰性气体或者氮气）以脉冲的形式引入反应腔，并通过化学吸附的方式吸附在基底表面直至达到饱和；

② 通入载气，将反应腔中过剩的前驱体 A 和副产物清除干净；

③ 前驱体 B 同样也以脉冲的形式被载气引入反应室内，并与已附着在基底表面上的 A 相互反应；

④ 再次通入载气，将反应腔中未发生反应的前驱体 B 以及反应副产物清除干净。

以上 4 步即是一个循环周期，且通过调控循环次数可以在基底上精确地控制所沉积原子层的厚度。

Al_2O_3 的带隙很宽，约为 6.4eV，折射率为 1.65，因此它在可见光下几乎是完全透明的[36]。同时，Al_2O_3 具有较好的热稳定性，且采用 ALD 法沉积的 Al_2O_3 颗粒会选择性地沉积在石墨烯的缺陷处而不是在其表面成膜[37]。故在石墨烯上沉积 Al_2O_3 既不会影响石墨烯自身的优势，又可以钝化石墨烯缺陷，从而避免或减弱石墨烯中缺陷对其防护作用的影响。

采用 ALD 法沉积 Al_2O_3 时，前驱体的选择很重要。前驱体应具备挥发性且在反应温度下自身不发生反应，同时容易和另一种前驱体发生反应且不生成副产物或生成的副产物容易挥发。一般以三甲基铝

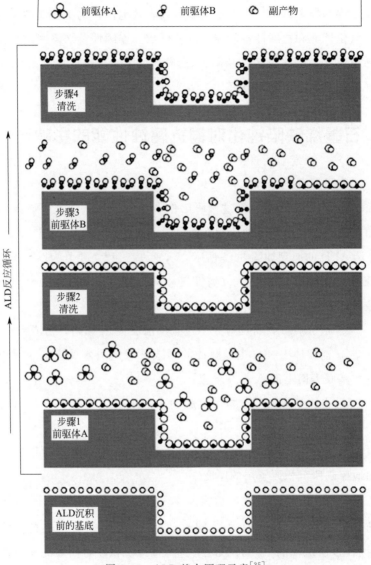

图 8-15　ALD 基本原理示意[35]

（TMA）和水（H_2O）或三甲基铝和臭氧（O_3）为前驱体[36,38]。目前使用较多的是三甲基铝和水，反应方程式为[39]：

$$2Al(CH_3)_3 + 3H_2O \longrightarrow Al_2O_3 + 6CH_4 \tag{8-3}$$

Al_2O_3 沉积过程当中，每个循环周期包含以下两个半反应：

$$AlOH^* + Al(CH_3)_3 \longrightarrow AlOAl(CH_3)_2^* + CH_4 \tag{8-4}$$

$$AlCH_3^* + H_2O \longrightarrow AlOH^* + CH_4 \qquad (8\text{-}5)$$

反应腔室的温度也是影响 ALD 过程的主要因素之一。反应温度有两个功能：一是为沉积过程提供所需要的能量；二是辅助清除沉积过程中过剩的前驱体和反应产生的副产物。ALD 的反应温度一般为 $100\sim300℃$。

8.5.1　实验过程

以三甲基铝和去离子水为前驱体，分别作铝源和氧源，氮气为载气，反应温度为 150℃。TMA 以脉冲的形式通入反应腔内，脉冲时间为 0.01s，在反应腔内等待 8s 后通入氮气，清洗反应腔，清洗时间为 20s；接着以脉冲的形式通入去离子水，脉冲时间为 0.1s；待反应腔内反应 8s 后，再次通入氮气以清除反应腔内的副产物和未反应的前驱体，清洗时间为 20s。以上过程为一个循环周期，循环 200 个周期。每个循环周期所沉积的 Al_2O_3 的厚度约为 0.1nm，反应结束后即可得到沉积厚度约为 20nm 的样品。

以生长时间为 5min、10min、15min 的石墨烯为试样，进行 ALD 实验，在其表面沉积 Al_2O_3 钝化颗粒，原子层沉积后的样品分别记为 5min/ALD、10min/ALD 和 15min/ALD。

8.5.2　形貌及结构的表征

图 8-16 为原子层沉积后样品的光镜图，与未沉积 Al_2O_3 的石墨烯样品的光镜图对比，其表面并没有发生明显的变化。

对原子层沉积后的样品进行 XPS 测试，结果如图 8-17 所示。样品 5min/ALD、10min/ALD、15min/ALD 的表面均有明显的 Al 的 2p 峰，对其进行分峰拟合，在结合能为 74.3eV 和 75.5eV 处有两个峰，分别对应的是 Al-O 中的 Al 元素和 Al-OH 中的 Al 元素，即原子层沉积后的样品表面有 Al_2O_3 和 Al（OH）$_3$ 的存在，其中，Al（OH）$_3$ 是原子沉积过程中不可避免的产物[40]。

8.5.3　极化曲线测试

图 8-18 为缺陷钝化后样品的极化曲线。

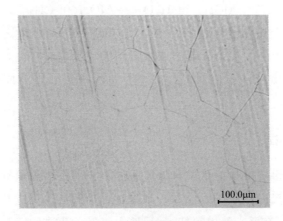

(a) 5min/ALD

(b) 10min/ALD

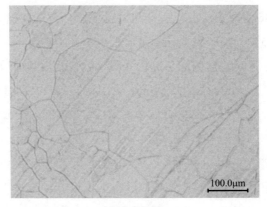

(c) 15min/ALD

图 8-16 原子层沉积后样品的光镜图

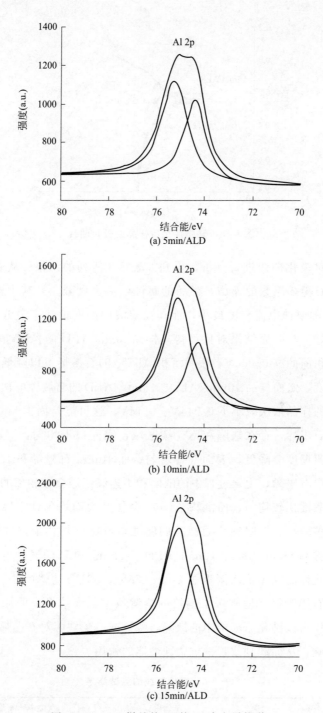

图 8-17　ALD 样品的 Al 的 2p 光电子能谱

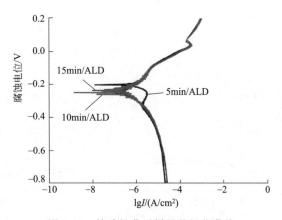

图 8-18 缺陷钝化后样品的极化曲线

对极化曲线进行分析，得到如表 8-6 所列的结果。从表 8-6 可知，随着石墨烯层数的递增，样品的腐蚀电流密度减小，其中样品 15min/ALD 的腐蚀电流密度最小，即其在溶液中的腐蚀速率最低，抗腐蚀性能最好。与前面结果对比可得，样品 5min/ALD 的自腐蚀电位比原子层沉积前的高 0.064V，说明沉积 Al_2O_3 的石墨烯可以降低样品的腐蚀敏感度，然而样品 10min/ALD、15min/ALD 的自腐蚀电位比原子层沉积前的样品依次减小了 0.044V、0.14V，这可能是因为 5min 石墨烯是单层石墨烯，存在缺陷和不连续区域，表面很不均匀，沉积 Al_2O_3 后表面粗糙度会降低，表面变得均匀；而 10min 石墨烯和 15min 石墨烯为少层石墨烯，生长过程中的缺陷和不连续区域会被相邻的石墨烯层覆盖，表面比较均匀，而沉积 Al_2O_3 会使其表面均匀性下降，故其自腐蚀电位减小。缺陷钝化后样品的腐蚀电流密度均比缺陷钝化前样品的小，样品 5min/ALD、10min/ALD、15min/ALD 的腐蚀电流密度比缺陷钝化前的样品依次降低了 80%、88%、56%，说明 Al_2O_3 钝化处理后的石墨烯很好地减缓了铜箔的溶解速率。该结果表明原子层沉积的 Al_2O_3 可以钝化石墨烯中的缺陷，降低或避免缺陷对石墨烯抗腐蚀性能的影响，从而起到改善铜抗腐蚀性能的作用。

表 8-6 极化曲线的测试结果

样品	腐蚀电位/V	腐蚀电流密度/(A/cm²)
5min/ALD	-0.205	4.212×10^{-6}

续表

样品	腐蚀电位/V	腐蚀电流密度/(A/cm^2)
10min/ALD	-0.252	9.192×10^{-7}
15min/ALD	-0.239	8.269×10^{-7}

图 8-19 为极化曲线测试后样品的光镜图。与极化曲线测试前样品的表面相比，测试后样品的表面几乎没有变化，且没有出现腐蚀坑，即铜箔表面几乎没有发生腐蚀反应。这表明经 Al_2O_3 钝化处理后石墨烯的抗腐蚀性能得到了明显提高。

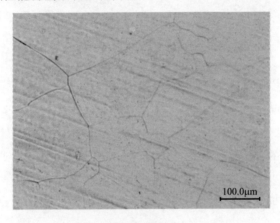

(a) 5min/ALD

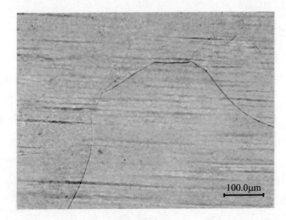

(b) 10min/ALD

图 8-19

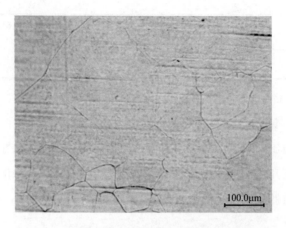

(c) 15min/ALD

图 8-19　极化曲线测试前后样品的光镜图

用 XPS 对极化曲线测试前后的样品进行表征，测试结果如图 8-20 所示。样品的 XPS 能谱中，结合能为 932.6eV 和 952.2eV 的位置均有 Cu 的光电子谱峰——Cu 的 $2p_{3/2}$ 和 $2p_{1/2}$ 光电子谱峰，且样品极化曲线测试前后的 Cu 的 2p 峰的半高宽并没发生明显的变化，即样品的表面没有生成或生成含量极低铜的氧化物或者氢氧化物，其表面未被明显腐蚀。该结果同样表明了经 Al_2O_3 钝化处理后的石墨烯对铜有很好的防护作用。

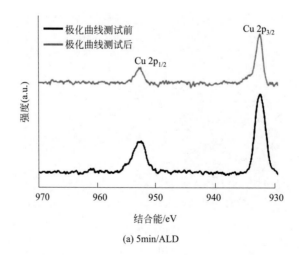

(a) 5min/ALD

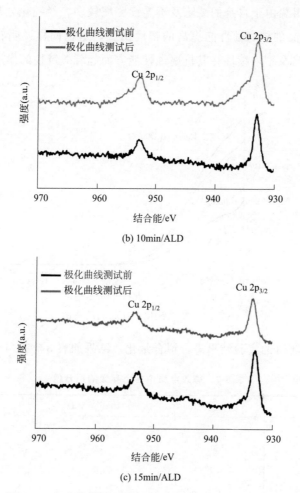

(b) 10min/ALD

(c) 15min/ALD

图 8-20 极化曲线测试前后样品的 Cu 的 2p 光电子能谱

8.5.4 电化学阻抗测试

图 8-21 为缺陷钝化后样品的波特图。可知,低频时,随着石墨烯层数的递增,样品的阻抗模值逐渐增大,其中样品 15min/ALD 的阻抗模值最大,即样品 15min/ALD 表现出了最好的抗腐蚀性能,该测试结果和极化曲线的结果一致。对比缺陷钝化前样品的波特图,样品 5min/ALD、10min/ALD、15min/ALD 的阻抗模值依次增大了 249.9 倍、18.7 倍、4.3 倍,该结果表明采用 ALD 对石墨烯中的缺陷进行钝化处理,可以有效地提高石墨烯的抗腐蚀性能。其中,反应时间为 5min 的

单层石墨烯由于自身的缺陷及不连续区域较多，经钝化处理后的 5min/ALD 样品的抗腐蚀性能提高的幅度最大，这也同样说明石墨烯自身的结构缺陷及不连续性在其抗腐蚀性能方面起着关键性的作用。

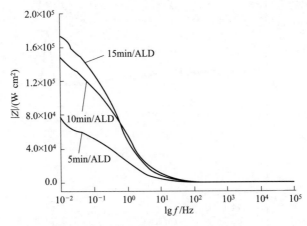

图 8-21　缺陷钝化后样品的波特图

对测得的实验结果进行拟合量化，结果如表 8-7 所列。

表 8-7　等效电路中各个参数的拟合值

样品	5min/ALD	10min/ALD	15min/ALD
$R_s/(\Omega \cdot cm^2)$	48.53	54.55	63.03
$R_f/(\Omega \cdot cm^2)$	50.82	112000	143000
$R_c/(\Omega \cdot cm^2)$	70960	49370	54010
$R_f + R_c/(\Omega \cdot cm^2)$	71010.82	161370	197010
$Q_f/(F/cm^2)$	8.343×10^{-6}	2.716×10^{-6}	3.4444×10^{-6}
n 指数	0.6982	0.8533	0.8516
$C_{dl}/(F/cm^2)$	1.175×10^{-4}	1.114×10^{-4}	1.485×10^{-4}
卡方值	6.757×10^{-3}	4.465×10^{-3}	3.263×10^{-3}

与缺陷钝化处理前的拟合结果相比，5min/ALD、10min/ALD、15min/ALD 样品的电阻 $R_f + R_c$ 值均比缺陷钝化前样品大，且依次为 ALD 前的 68.6 倍、35.3 倍、7.1 倍，表明缺陷钝化后样品的抗腐蚀性能得到了显著提高；样品 5min/ALD、10min/ALD、15min/ALD 的 Q_f 值均降低了 1 个数量级，说明样品内部的电子、离子的传导路径减少

了；与金属裸露在电解液中的面积大小直接相关的 C_{dl} 值均降低了约 1 个数量级，表明通过对石墨烯自身缺陷进行钝化处理，可以减小铜箔直接暴露在电解液的面积。该拟合结果表明，经 Al_2O_3 钝化处理后的石墨烯可以有效地将铜与电解液隔离开来，避免或减少溶液中离子与铜接触，抑制腐蚀反应的发生，从而起到提高其抗腐蚀性能的作用。综上所述，通过 ALD 法在石墨烯表面沉积 Al_2O_3 颗粒，可以对石墨烯中的结构缺陷进行钝化处理，避免了缺陷对石墨烯抗腐蚀性能的影响，从而提高其对铜的防护作用。

如图 8-22（a）所示，在氯化钠溶液中，纯铜箔会与溶液直接接触并发生反应，生成铜的氧化物或氢氧化物，导致铜箔被腐蚀。而理想无缺陷的石墨烯由于自身具有很好的抗透性，可以起到屏障的作用，避免腐蚀溶液与铜箔接触，阻碍了铜箔与溶液之间的离子交换从而达到了防腐蚀的目的［见图 8-22（b）］。然而，CVD 石墨烯中会不可避免地存在缺陷或局部不连续区域，如图 8-22（c）所示，这些缺陷或不连续的区域会使铜箔表面并未被完全覆盖，存在部分区域暴露在溶液中，从而发生腐蚀反应。采用 ALD 法沉积 Al_2O_3 对缺陷和不连续区域进行钝化，Al_2O_3 颗粒会选择性地沉积在石墨烯的缺陷和不连续区域，使铜箔表面被完全覆盖，阻断了铜箔与腐蚀溶液间的接触，抑制了腐蚀反应的发生，进而起到提高铜抗腐蚀性能的作用［见图 8-22（d）］。也就是说，通过钝化处理石墨烯中的缺陷，可以提高其对铜的防护作用，从而实现石墨烯对铜的完全保护。

以上极化曲线测试结果表明，样品 5min/ALD、10min/ALD、15min/ALD 比缺陷钝化前样品的腐蚀电流密度依次降低了 80％、88％、56％，即石墨烯缺陷钝化后样品的腐蚀速率明显减小了；电化学阻抗测试结果表明，样品 5min/ALD、10min/ALD、15min/ALD 比缺陷钝化前样品的电阻明显增大，且依次为缺陷钝化前的 68.6 倍、35.3 倍、7.1 倍，即经缺陷钝化处理的样品的抗腐蚀性能得到了显著提高；电化学阻抗拟合结果表明，通过 ALD 法在石墨烯表面沉积 Al_2O_3 钝化颗粒，对石墨烯的缺陷进行钝化处理，减少了铜箔与电解液的接触，抑制腐蚀反应的发生，进而起到提高铜的抗腐蚀性能的作用。

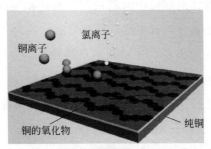

(a) 纯铜箔

(b) 理想石墨烯覆盖的铜箔

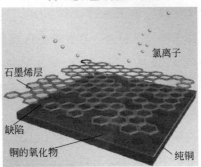

(c) 有缺陷石墨烯覆盖的铜箔

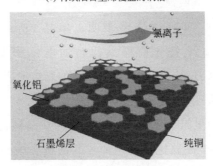

(d) Al₂O₃钝化处理后的石墨烯覆盖的铜箔

图 8-22　腐蚀机理

8.6　锆合金基底石墨烯的生长

　　笔者用苯作碳源，通过低温 APCVD 法在锆合金表面制备了石墨烯。通过扫描电子显微镜、光学显微镜和拉曼光谱对样品的形貌和结构进行分析表征，结果如图 8-23 所示。

　　锆合金基底可见黑色不连续的片层状物质［见图 8-23（a）］，光学显微镜照片表明这些黑色片层状物质是石墨烯［见图 8-23（b）］，样品的拉曼光谱进一步表明在 $1360cm^{-1}$、$1580cm^{-1}$、$2800cm^{-1}$ 处出现了

(a) 锆合金基底石墨烯的SEM像　　　(b) 转移到SiO₂/Si基底的石墨烯的
　　　　　　　　　　　　　　　　　　　　光学显微镜照片

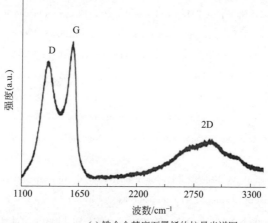

(c) 锆合金基底石墨烯的拉曼光谱图

图 8-23　扫描电子显微镜、光学显微镜和拉曼光谱对样品的形貌和结构进行分析表征结果

石墨烯的 D 峰、G 峰和 2D 峰。D 峰和 G 峰的强度比是 0.87，2D 峰和 G 峰的强度比是 0.46。说明通过低温 APCVD 法在锆基底合成的石墨烯是多层的，而且缺陷较多，这与光学显微镜的分析结果一致。目前，笔者正在开展更多的有关锆合金表面石墨烯的生长工作，以期找到锆基底制备大面积、高质量石墨烯理想工艺，进而探索其生长机理。这部分工作为石墨烯作为核用锆合金表面防腐涂层的研究提供了理论指导和实验依据。

参考文献

[1] 张承中. 金属的腐蚀与防护 [M]. 北京：冶金工业出版社，2000.

[2] 魏宝明. 金属腐蚀理论及应用 [M]. 北京：化学工业出版社，2004.

[3] Emi H，Arima T，Umino M. A study on developing a rational corrosion protection system of hull structures [J]. Classnk Technical Bulletin，1994，12：65-79.

[4] 赵麦群，雷阿丽. 金属腐蚀与防护 [M]. 北京：国防工业出版社，2002.

[5] Grundmeier G，Schmidt W，Stratmann M. Corrosion protection by organic coatings：electrochemical mechanism and novel methods of investigation [J]. Electrochimica Acta，2000，45：2515-2533.

[6] Mittal V K，Bera S，Saravanan T，et al. Formation and characterization of bi-layer oxide coating on carbon-steel for improving corrosion resistance [J]. Thin Solid Films，2009，517 (5)：1672-1676.

[7] Geoffrey M S，Anton J D，Gordon G W，et al. Electroactive conducting polymers for corrosion control [J]. Journal of Solid State Electrochemistry，2002，6：85-100.

[8] Andreeva D V，Skorb E V，Shchukin D G. Layer-by-layer polyelectrolyte/Inhibitor nanostructures for metal corrosion protection [J]. ACS Applied Materials & Interfaces，2010，2 (7)：1954-1962.

[9] Schmidt H K，Kasemann R. Coatings for mechanical and chemical protection based on organic-inorganic sol-gel nanocomposites [J]. New Journal of Chemistry，2010，18：1117-1123.

[10] Sørensen P A，Kiil S，Dam-Johansen K，et al. Anticorrosive coatings：a review [J]. Journal of Coatings Technology and Research，2009，6 (2)：135-176.

[11] Novoselov K S，Geim A K，Morozov S V，et al. Electric field effect in atomically thin carbon films [J]. Science，2004，306 (5696)：666-669.

[12] Zhang Y，Small J P，Pontius W V，et al. Fabrication and electric-field-dependent trans-

port measurements of mesoscopic graphite devices [J]. Applied Physics Letters, 2005, 86 (7): 073104-3.

[13] Balandin A A. Thermal properties of graphene and nanostructured carbon materials [J]. Nature Materials, 2011, 10 (8): 569-581.

[14] Liu L, Ryu S, Tomasik M R, et al. Graphene oxidation: thickness-dependent etching and strong chemical doping [J]. Nano Letters, 2008, 8 (7): 1965-1970.

[15] Bunch J S, Verbridge S S, Alden J S, et al. Impermeable atomic membranes from graphene sheets [J]. Nano Letters, 2008, 8 (8): 2458-2462.

[16] Geim A K. Graphene: status and prospects [J]. Science, 2009, 324 (5934): 1530-1534.

[17] Leenaerts O, Partoens B, Peeters F M. Water on graphene: hydrophobicity and dipole moment using density functional theory [J]. Physical Review B, 2009, 79 (23): 230445-5.

[18] Jia C, Jiang J, Gan L, et al. Direct optical characterization of graphene growth and domains on growth substrates [J]. Scientific Reports, 2012, 2: 707.

[19] 王培铭, 许乾慰. 材料研究方法 [M]. 北京: 科学出版社, 2010.

[20] Ferrari A C, Meyer J C, Scardaci V, et al. Raman spectrum of graphene and graphene layers [J]. Physical Review Letters, 2006, 97 (18): 187401-4.

[21] Malard L M, Pimenta M A, Dresselhaus G, et al. Raman spectroscopy in graphene [J]. Physics Reports, 2009, 473 (5-6): 51-87.

[22] Kravets V G, Grigorenko A N, Nair R R, et al. Spectroscopic ellipsometry of graphene and an exciton-shifted van hove peak in absorption [J]. Physical Review B, 2010, 81: 155-163.

[23] 周玉, 武高辉. 材料分析测试技术——材料 X 射线衍射与电子显微分析 [M]. 哈尔滨: 哈尔滨工业大学出版社, 2007.

[24] 曹楚南. 腐蚀电化学原理 [M]. 北京: 化学工业出版社, 2008.

[25] 曹楚南, 张鉴清. 电化学阻抗谱导论 [M]. 北京: 科学出版社, 2002.

[26] Ni Z H, Wang H M, Kasim J, et al. Graphene thickness determination using reflection and contrast spectroscopy [J]. Nano Letters, 2007, 7 (9): 2758-2763.

[27] Liu N, Pan Z, Fu L, et al. The origin of wrinkles on transferred graphene [J]. Nano Research, 2011, 4 (10): 996-1004.

[28] Chen S, Brown L, Levendorf M, et al. Oxidation resistance of graphene-coated Cu and Cu/Ni alloy [J]. ACS Nano, 2011, 5 (2): 1321-1327.

[29] Gediminas N. Surface-enhanced raman spectroscopic observation of two kinds of adsorbed OH—ions at copper electrode [J]. Electrochimica Acta, 2000, 45: 3507-3519.

［30］ Dube C E，Workie B，Kounaves S P，et al. Electrodeposition of metal alloy and mixed oxide films using a single-precursor tetranuclear copper-nickel complex ［J］. Journal of the Electrochemical Society，1995，142：3357-3365.

［31］ Poulston S，Parlett P M，Stone P，et al. Surface oxidation and reduction of CuO and Cu_2O studied using XPS and Xaes ［J］. Surface and Interface Analysis，1996，24（12）：811-820.

［32］ 余亮亮. 铜表面石墨烯的制备及其抗腐蚀性能的研究 ［D］. 天津：天津大学，2013.

［33］ Singh Raman R K，Chakraborty Banerjee P，Lobo D E，et al. Protecting copper from electrochemical degradation by graphene coating ［J］. Carbon，2012，50（11）：4040-4045.

［34］ Suntola T. 30 years of ALD ［R］. Finland：University of Helsinki，2004.

［35］ Marichy C，Bechelany M，Pinna N. Atomic layer deposition of nanostructured materials for energy and environmental applications ［J］. Advanced Materials，2012，24（8）：1017-1032.

［36］ Hoex B，Heil S B S，Langereis E，et al. Ultralow surface recombination of C-Si substrates passivated by plasma-assisted atomic layer deposited Al_2O_3 ［J］. Applied Physics Letters，2006，89（4）：042112.

［37］ Wang X，Tabakman S，Dai H. Atomic layer deposition of metal oxides on pristine and functionalized graphene ［J］. Journal of American Chemical Society，2008，130：8152-8153.

［38］ Gonzdlez M B，Rafl M J，Beldrrain O，et al. Charge trapping analysis of Al_2O_3 films deposited by atomic layer deposition using H_2O of O_3 as oxidant ［J］. Journal of Vacuum Science and Technology B，2013，31：01A101.

［39］ George S M. Atomic layer deposition：an overview ［J］. Chemical Reviews，2010，110（1）：111-131.

［40］ 李想. 原子层沉积 Al_2O_3 钝化太阳能晶体硅表面的研究 ［D］. 长沙：湖南大学，2013.

第9章

▶▶▶▶

结论与趋势分析

9.1 主要结论

本书主要以 NZ2、NZ8 含 Nb 新锆合金为研究对象，研究两种合金在 360℃/18.6MPa LiOH 水溶液和 400℃/10.3MPa 过热蒸汽中的均匀腐蚀行为，探讨了基体中 Nb 元素含量及第二相粒子种类、分布、大小等对锆合金腐蚀行为的影响。对腐蚀后样品氧化膜晶体结构和内应力进行分析测试，研究腐蚀过程中氧化膜组织结构演化、内应力变化与腐蚀动力学的关系，建立了新锆合金腐蚀机理模型。同时对石墨烯作为金属防腐涂层进行了初步的探索研究，以期为后续石墨烯作核用锆合金表面防腐涂层的研究提供实验指导。

得到的主要结论如下。

9.1.1 新锆合金在 360℃ 含锂水和 400℃ 过热蒸汽中的腐蚀行为

（1）锆合金在 360℃ 含锂水中的腐蚀行为

含 Nb 新锆合金在 360℃ 含锂水中的耐腐蚀性能远远高于 Zr-4 合金的，也就是说 Nb 的加入有利于改善锆合金的耐腐蚀性能。并且该介质中，高 Nb 的 NZ8 合金耐腐蚀性能较低 Nb 的 NZ2 合金的耐腐蚀性能差，两种合金转折时对应的氧化膜厚度均为 2~3μm。

（2）锆合金在 400℃ 蒸汽中的腐蚀行为

新锆合金在 400℃ 蒸汽中腐蚀，转折后高 Nb 的 NZ8 合金的腐蚀速率较低 Nb 的 NZ2 合金腐蚀速率高很多，与两种合金中的第二相及合金元素在基体的含量有关，并且腐蚀转折时氧化膜厚度基本一致，在 2～3μm 之间。另外，细小、分布均匀的弥散第二相粒子缩短了 NZ2 合金在 400℃蒸汽中的腐蚀转折前时间，但有利于改善其转折后的耐腐蚀性能。

9.1.2 基体中合金元素含量及第二相粒子对腐蚀性能的影响

（1）基体中 Nb 元素含量对耐腐蚀性能的影响

新锆合金的耐腐蚀性能与 Nb 在基体中的固溶含量密切相关。NZ8 合金基体中较高含量 Nb 的氧化会使氧化膜局部体积严重膨胀，甚至使氧化膜破裂，促进氧化膜内四方相向单斜相的转变，而 NZ2 合金基体 Nb 固溶量低于其平衡固溶度，有利于改善 NZ2 合金的耐腐蚀性能。

（2）第二相粒子对耐腐蚀性能的影响

耐腐蚀性能与腐蚀过程中第二相粒子种类、数量、尺寸及氧化特征也密切相关。NZ8 合金 Zr-Fe-Nb 第二相粒子体积分数很高，而且第二相中 Nb 含量也较高，第二相粒子氧化后体积严重膨胀，促进了裂纹的形成以及氧化物从四方相向单斜相的转变。因此 NZ8 合金腐蚀后氧化膜中四方相含量较 NZ2 合金中的低，转折后 NZ8 的腐蚀速率也相对高得多。因此，无论从第二相粒子种类还是从体积分数的角度看，NZ2 合金中形成的第二相粒子有利于改善其耐腐蚀性能。

9.1.3 氧化膜晶体结构演变与腐蚀性能的关系

无论在哪种介质中腐蚀，两种新锆合金腐蚀后样品氧化膜均以单斜氧化锆为主，存在一定量畸变了的四方氧化锆。随着腐蚀时间的延长，氧化膜中四方相的平均含量降低，四方氧化锆会向单斜氧化锆转变。而且，从氧化膜/基体界面到氧化膜外表面，氧化膜内四方相含量不断减少，在氧化膜/金属界面处四方相含量最高，外表面四方相含量最低。在氧化膜厚度达到约 2μm 时（腐蚀转折前）氧化膜中出现了立方氧化锆，转折后立方相数量明显增多。认为立方相是特定环境下四方相向单斜相转变的过渡相。腐蚀过程中存在两种类型的相变，即四方相→单斜相和四方相→立方相→单斜相。氧化膜中四方相主要是由压应力和合金元素氧化形成的空位稳定，而立方相是由氧空位稳定。四方相的转变速度是决定锆合金抗腐蚀性能的一个主要因素，四方相消失速度越快，四方相含量越低，腐蚀速率越高。整个腐蚀过程中没有发现四方相含量的突然下降，可能是由于氧化膜中第二相的氧化产生的局部压应力使局部四方相得以稳定。

9.1.4 氧化膜内应力变化与腐蚀动力学的关系

NZ2 合金在 360℃含锂水和 400℃蒸汽中腐蚀后氧化膜中均有高的压应力存在。氧化开始阶段，压应力增加。当氧化膜厚度达到一定值时（约 $2\mu m$，即腐蚀转折前）氧化膜中压应力达到最大值，随后腐蚀转折发生。腐蚀转折与氧化膜内应力的突然释放密切相关。在 360℃含锂水中腐蚀后锆合金氧化膜中压应力、四方相含量均较 400℃蒸汽中腐蚀后的高，锆合金的耐腐蚀性能通过提高四方相含量和氧化膜中的压应力来改善。氧化膜中的宏观压应力对四方相的稳定有重要作用。此外，氧化膜中的局部应力也对四方相的稳定有一定作用。

9.1.5 石墨烯对金属抗腐蚀性能的改善

（1）铜基底石墨烯的生长

以铜箔为基底，采用 APCVD 法制备石墨烯，研究了不同反应时间和甲烷流量对石墨烯生长的影响。随着反应时间的延长，石墨烯的层数逐渐增加，当反应时间延长至 15min，制备出的石墨烯为三层；继续延长反应时间，其层数不再增加，表现出一定的自限制性。甲烷流量较小时，石墨烯难以生成；甲烷流量为 2sccm 时，石墨烯开始生长；随着甲烷流量的增加，石墨烯趋于连续，且层数逐渐增加；当甲烷流量增大至 15sccm 时，石墨烯的形核密度增大，连续性变差。反应时间为 15min，甲烷流量为 10sccm 时，制备的石墨烯连续性最好且缺陷密度最小。

（2）石墨烯的抗腐蚀性能

单层石墨烯因缺陷的存在不能改善铜的抗腐蚀性能，但是少层石墨烯可以很好地改善铜的抗腐蚀性能，其中反应时间为 15min，甲烷流量为 10sccm 的石墨烯对铜抗腐蚀性能的改善作用最好，使铜的抗腐蚀性能提高 10 倍。石墨烯对铜抗腐蚀性能的改善作用与自身的层数、连续性及缺陷密度相关，层数越多，连续性越好，缺陷密度越低，石墨烯对铜抗腐蚀性能的改善作用越好；通过 Al_2O_3 对石墨烯缺陷进行钝化处理，石墨烯能显著提高铜的抗腐蚀性能。其中，缺陷较多的单层石墨烯/铜样品的提高幅度最大，其抗腐蚀性能增大了约 67.6 倍。

（3）锆基底石墨烯的生长

以甲苯作碳源，通过低温 APCVD 法在锆基底上成功生长出多层石墨烯，这有利于进一步研究石墨烯对核用锆合金耐腐蚀性能的改善。

9.2 主要创新点

① 发现由于 Nb 的添加，在锆合金腐蚀转折前一段时间氧化膜中出现立方相，此时氧化膜厚度约 $2\mu m$，并且转折后立方相的量明显增高。认为立方相是四方相向单斜相转变过程的过渡相，立方相主要是由合金元素 Nb 氧化后产生的氧空位稳定的。

② 发现应力最大值与立方相的出现对应的时间几乎一致，均在腐蚀转折前一段时间，即氧化膜厚度约 $2\mu m$ 时应力的突然释放、立方相的形成以及腐蚀转折的发生，这三者之间有密切联系。这为进一步理解锆合金腐蚀机理提供了新思路。

③ 采用低温 APCVD 法在锆合金表面直接生长石墨烯，可以获得界面结合良好的复合材料，在不影响包壳管形状、尺寸及导热性的基础上，将锆合金与腐蚀介质有效分离，最终有望实现石墨烯对锆合金的完全保护。

9.3 趋势分析

通过将含 Nb 新锆合金腐蚀性能、基体及氧化膜显微结构演变、氧化膜内应力变化之间的相关性进行研究，认为在该领域还存在几个值得深入探索的问题。

① 从延缓氧化膜显微组织演化过程就可以改善锆合金耐腐蚀性能

的方面看，应该继续深入探究 α-Zr 基体中固溶的合金元素以及从沉淀相粒子中析出的合金元素在进入氧化膜中后，在不同腐蚀条件下是如何影响氧化膜相结构的演化过程，这些合金元素的氧化产物是固溶在氧化锆基体中，还是以第二相粒子的形式存在于氧化锆基体。对这些问题的深入研究有助于进一步解释添加 α-Zr 基体中固溶度较大的合金元素 Nb 能明显改善锆合金耐腐蚀性能的原因，为以后新锆合金的开发和热处理制度的优化提供理论依据和指导。

② 通过对氧化膜中各种氧化物织构研究，精确计算各相的相对含量，并研究氧化物织构对相转变及应力状态的影响，从而进一步研究其对腐蚀行为的影响，为深入研究其腐蚀机理提供条件。

③ 计算 Nb 添加后形成的各种氧化物的电子结构，研究四方氧化锆，尤其是立方氧化锆的形成原因和稳定机制，将 Nb 的添加、四方相和立方相含量、氧化膜内应力变化与耐腐蚀性能联系起来，详细研究 Nb 的加入与立方相形成对腐蚀性能的影响，有利于进一步搞清楚新锆合金的腐蚀机理。

④ 调整低温 APCVD 的制备工艺，找到锆合金表面直接生长大面积、高质量石墨烯的理想参数，并对石墨烯的缺陷进行有效处理，获得与锆合金基底有强的结合力的新型石墨烯保护涂层，在保证锆合金包壳管导热性以及形状、尺寸不受影响的同时，将锆合金和冷却水有效隔离，起到阻挡水分子、氧离子向锆合金表面扩散及传递的作用，锆合金的耐腐蚀性能有望得到有效提高。

附　录　▶▶▶▶

附录1　海绵锆（YS/T 397—2015）

1　范围

本标准规定了海绵锆的要求、试验方法、检测规则、标志、包装、运输、贮存、质量证明书及订货单（或合同）内容。

本标准适用于以四氯化锆经镁热还原、真空蒸馏所产生的海绵锆。

2　规范性引用文件

下列文件对于本文件的应用是必不可少的。凡是注日期的引用文件，仅注日期的版本适用于本文件。凡是不注日期的引用文件，其最新版本适用于本文件。

GB/T 2524—2010 海绵钛

GB/T 8170　数值修约规则与极限数值的表示和判定

GB/T 13747（所有部分）锆及锆合金化学分析方法

3　要求

3.1　产品分类

海绵锆按品质和用途不同分为核级、工业级和火器级三个级别。

牌号为：HZr-01、HZr-02；HZr-1、HZr-2；HQZr-1。

3.2　化学成分

3.2.1　海绵锆的化学成分应符合附表1的规定。需方复验时工业级和火器级的成分分析允许偏差应符合附表2的规定。

3.2.2 锆含量（质量分数）为 100％减去附表 1 中杂质实测值总和后的余量。

附表 1　海绵锆的化学成分　　　单位：％（质量分数）

产品级别			核级		工业级		火器级
产品牌号			HZr-01	HZr-02	HZr-1	HZr-2	HQZr-1
化学成分		Zr＋Hf 含量(不小于)	—	—	99.4	99.2	99.2
	杂质含量(不大于)	Al	0.0075	0.0075	0.03	—	—
		B	0.00005	0.00005	—	—	—
		C	0.010	0.025	0.03	0.03	0.05
		Cd	0.00005	0.00005	—	—	—
		Cl	0.030	0.080	0.13		0.13
		Co	0.001	0.002	—	—	—
		Cr	0.010	0.020	0.02	0.05	—
		Cu	0.003	0.003	—	—	—
		Fe	0.060	0.150		0.15	—
		H	0.0025	0.0125	0.0125	0.0125	—
		Hf	0.008	0.010	3.0	4.5	—
		Mg	0.015	0.060	0.06	—	—
		Mn	0.0035	0.005	0.01	—	—
		Mo	0.005	0.005	—	—	—
		N	0.005	0.005	0.01	0.025	0.025
		Na	0.015	—	—	—	—
		Ni	0.007	0.007	0.01	—	—
		O	0.070	0.140	0.1	0.14	0.14
		P	0.001	—	—	—	—
		Pb	0.005	0.010	0.005	—	—
		Si	0.007	0.010	0.01	—	0.01
		Sn	0.005	0.020	—	—	—
		Ti	0.005	0.005	0.005	—	—
		U	0.0003	0.0003	—	—	—
		V	0.005	0.005	0.005	—	—
		W	0.005	0.005	—	—	—

附表 2 化学成分允许偏差

元素	按附表 1 规定范围的允许偏差/%	元素	按附表 1 规定范围的允许偏差/%
C	0.005	N	0.002
Fe	0.010	O	0.010
H	0.005	其他杂质元素	0.002 或规定极限的 20%，取小者

3.2.3 按 GB/T 8170 的规定进行数值修约。

3.3 粒度

海绵锆可采用切碎法或压散法进行粉碎。粒度为 3～25mm 的产品总重量不得少于批重的 95%。

3.4 外观质量

海绵锆为银灰色海绵状金属。表面应保持洁净，无铁锈、氧化层、氮化层及目视可见的夹杂物。

4 实验方法

4.1 海绵锆的化学成分分析按 GB/T 13747 的规定进行。

4.2 海绵锆的粒度检验采用筛分法进行。

4.3 海绵锆的外观质量采用目视检验。

5 检验规则

5.1 检查与验收

5.1.1 产品应由供方进行检验，保证产品质量符合本标准及订货单（或合同）的规定，并填写质量证明书。

5.1.2 需方应对收到的产品按本标准及订货单（或合同）的规定进行检验，如检验结果与本标准及订货单（或合同）的规定不符时，应在收到产品之日起 3 个月内向供方提出，由供需双方协商解决。如需仲裁，仲裁取样在需方，由供需双方共同进行。

5.2 组批

产品应成批提交验收，每批应由同一生产周期、同一牌号的产品组成。

5.3 检验项目

每批产品出厂前应进行化学成分、粒度和外观质量的检验。

5.4 取样

产品的取样应符合附表 3 的规定。

附表 3 检验项目及取样

检验项目	取样规定	要求的章节号	检验方法章节号
化学成分	(1)Cl、Mg 和 Na 元素: 　成批的产品充分混合后,装进不锈钢长方形器皿中,摊成均一厚度,按其面积等分,使用不锈钢方铲从各部分等量采集试样,试样总量需在批量的 0.5% 以上,且不少于 20kg。再用四分法缩分出不少于 4kg 的样品,然后将此试样破碎筛分到 10mm 以下,用永久磁铁吸出铁粉,并将其等分为 4 份,每份小样不少于 1kg。将此小样放入干净的压模中,制成自耗电极(或压块),然后选用 $\phi 8 \sim 10mm$ 碳钢麻花钻,在台式钻床的主轴转速为 560r/min 的条件下,按其长度方向均匀钻取 5 个孔,去掉表面层 $3 \sim 5mm$ 后,以不能将电极钻穿,钻屑不变色为前提,钻取屑状试样 20g,作为分析检验试样用。 (2)其他元素: 　参照 GB/T 2524—2010 附录 A 进行	3.2	4.1
粒度	随机抽取批产品桶数的 10% (≥3 桶)	3.3	4.2
外观质量	随机抽取批产品桶数的 10% (≥3 桶)	3.4	4.3

5.5 检验结果的判定

5.5.1 产品化学成分检验不合格时,应从原取样部位附近加倍取样对该不合格项目进行重复检验。若重复检验结果有一项不合格,判定该批产品不合格。

5.5.2 产品粒度检验不合格时,判定该批产品不合格。

5.5.3 产品外观质量检验不合格时,判定该产品不合格。

6 标志、包装、运输、贮存和质量证明书

6.1 标志

产品应成桶包装,每桶外应有如下标志:

a)供方名称;

b）产品名称、牌号；

c）批号、净重、毛重；

d）"防雨""轻放"等标志；

e）包装日期。

6.2 包装

产品应采用干净的塑料袋抽空、充氩、密封包装，置于密封的镀锌铁桶中。也可以按供需双方协商的其他形式包装。

6.3 运输

产品搬运时不得滚动，运输时不得剧烈震动。

6.4 贮存

产品应存放于干燥通风处，不得与破碎后的锆粉尘、酸、碱、腐蚀物及易燃易爆物混放。

6.5 质量证明书

每批产品应附有质量证明书，其上注明：

a）供方名称、地址、电话、传真；

b）产品名称、牌号、粒度；

c）批号；

d）批重和件数；

e）检验结果和质量检验部门印记；

f）本标准编号；

g）出厂日期（包装日期）。

7 订货单（或合同）

订购本标准所列产品的订货单（或合同）应包含下列内容：

a）产品名称；

b）牌号；

c）粒度；

d）数量；

e）本标准编号；

f）其他。

附录 2 锆及锆合金锭（GB/T 8767—2010）

1 范围

本标准规定了直径不大于 820mm 的一般工业和核工业用锆及锆合金铸锭的要求、试验方法、检验规则、标志、包装、运输、贮存及合同（或订货单）要求等。

本标准适用于真空自耗电弧炉生产的锆及锆合金铸锭。

2 规范性引用文件

下列文件中的条款通过本标准的引用而成为本标准的条款。凡是注日期的引用文件，其随后所有的修改单或修订版均不适用于本标准，然而，鼓励根据本标准达成协议的各方研究是否可使用这些文件的最新版本。凡是不注日期的引用文件，其最新版本适用于本标准。

GB/T 231（所有部分）金属布氏硬度试验方法。

GB/T 13747（所有部分）锆及锆合金化学分析方法。

GB/T 26314 锆及锆合金牌号和化学成分。

3 要求

3.1 化学成分

3.1.1 牌号、化学成分

锆及锆合金铸锭包括一般工业用 Zr-1、Zr-3、Zr-5 和核工业用 Zr-0、Zr-2、Zr-4 共 6 个牌号。其化学成分应符合 GB/T 26314 的规定。

3.1.2 成分允许偏差

需方进行化学成分复验分析时，其成分允许偏差应符合 GB/T 26314 的规定。

3.2 外形尺寸及允许偏差

3.2.1 铸锭的直径允许偏差应符合附表 4 的规定。

附表 4 铸锭的直径允许偏差　　　　　　　　　　　单位：mm

直径范围	≤350	350~550	550~720	720~820
允许偏差	+5 −30	+5 −40	+5 −50	+5 −60

3.2.2 铸锭的长度和重量及其允许偏差由供需双方协商确定，并在合同（或订货单）中注明。

3.2.3 铸锭头、尾两端棱角应进行倒角处理，倒角应不小于20mm。

3.2.4 同一铸锭的最大和最小直径之差不应超过最大直径的10%。

3.3 布氏硬度

当需方要求并在合同（或订货单）中注明时，铸锭应进行布氏硬度的测定并符合附表5的要求。

附表5　铸锭布氏硬度要求

分类	核工业			一般工业
牌号	Zr-0	Zr-2	Zr-4	所有牌号
HBW10/3000	≤160	≤200	≤200	实测

3.4 超声检验

当需方要求并在合同（或订货单）中注明时，铸锭应进行超声波检验。超声波检验仅提供实测值（确定缩孔距铸锭头部距离，并以对铸锭表面无损伤的方式，醒目、牢固的标出缩孔位置）。

3.5 外观质量

3.5.1 铸锭应以机加工表面交付，经机加工后的铸锭表面应光滑、平整。

3.5.2 铸锭圆周面上允许残留冷隔、夹层、疏松等缺陷，不允许有机加工台坎。允许有少量的气孔存在，但气孔的深度和直径不大于5mm。允许采用刨铣或打磨的方法清除局部污染、裂纹、气孔等缺陷，清理后应保证铸锭允许的最小尺寸，且清理部位应圆滑过渡，无台坎和棱角，清理部位的深宽比不大于1∶10，清理深度不大于10mm。

3.5.3 铸锭头、尾部端面应平整，不允许有机加工台坎、飞溅物、熔瘤等存在，不允许有开放性缩孔存在。

3.6 表面状况

铸锭表面粗糙度 R_a 应不大于12.7μm。

4 试验方法

4.1 化学成分分析按GB/T 13747进行。

4.2 外形尺寸采用相应精度的量具进行测量。

4.3　布氏硬度试验按照 GB/T 231 进行。

4.4　超声波检验按供需双方认可的方法进行。

4.5　外观质量用目视进行检查，必要时用相应精度的量具测量。

4.6　表面状况用对比试块进行。

5　检验规则

5.1　检查和验收

5.1.1　铸锭应由供方质量部门进行检验，保证产品质量符合本标准和合同（或订货单）的规定。

5.1.2　需方对收到的产品进行检验，如检验结果与本标准和合同（或订货单）规定不符时，应在收到产品之日起 3 个月内向供方提出，由供需双方协商解决。

5.2　组批

　　产品应成批提交验收，单个铸锭为一批。

5.3　检验项目

　　每个铸锭均应进行化学成分、外观质量、表面状况和外形尺寸的检验，需方要求并在合同（或订货单）中注明时，还应进行布氏硬度、超声波检验以及合同（或订货单）中规定的其他检验。

5.4　取样位置及取样数量

　　铸锭的取样应符合附表 6 的规定。

附表 6　铸锭的取样要求

检验项目	取样规定	要求的章条号	试验方法的章条号
化学成分	见 5.4.1 条	3.1	4.1
外形尺寸及允许偏差	逐锭	3.2	4.2
布氏硬度	见 5.4.2 条	3.3	4.3
超声波检验	逐锭	3.4	4.4
外观质量	逐锭	3.5	4.5
表面状况	逐锭	3.6	4.6

5.4.1　纯锆铸锭和直径不大于 350mm 的锆合金铸锭，从每个铸锭侧面头部一点取样进行化学成分分析；直径大于 350mm 的锆合金铸锭，从每个铸锭侧面头、尾两点取样进行化学成分分析。取样位置应在距铸

锭两端 100～300mm 的范围内进行。在每个取样部位先去除铸造表面 5～7mm 后，采用车削或钻取的方式取样。

5.4.2 在距铸锭头、尾端面 150mm 内的加工表面处各测三点，分别以头、尾三点平均值作为铸锭对应部位的布氏硬度值。

5.5 检验结果的判定

5.5.1 化学成分检验不合格，则可从原取样部位附近加倍取样对该不合格项进行重复检验。若仍有试样的结果不合格，判定锭不合格。

5.5.2 外形尺寸及允许偏差检验不合格，判该锭不合格。

5.5.3 核工业用锆及锆合金铸锭的布氏硬度检测不合格，判该锭不合格。

5.5.4 外观质量检验不合格，判该锭不合格。

5.5.5 表面状况检验不合格，判该锭不合格。

6 标志、包装、运输、贮存和质量证明书

6.1 标志

每个铸锭及外包装上应用标记液、钢印或其他方式，在铸锭头部或侧面（靠近头部端）清晰、牢固的标明供方名称、企业标识、牌号、规格以及熔炼炉号等内容。

6.2 包装

6.2.1 裸装。

6.2.2 用麻布（袋）包裹。

6.2.3 用木托或钢托支承包装，包装时应保证铸锭与地面留有足够的距离，以便装卸。

6.2.4 按合同（或订货单）中规定的其他方式包装。

6.3 运输和贮存

铸锭运输和贮存时，应防止滚动、剧烈碰撞和活性化学物质的腐蚀。

6.4 质量证明书

每个铸锭均应附有质量证明书，其上注明：

a）供方名称；

b）产品名称；

c）产品牌号、规格和重量（净重和毛重）；

d）熔炼次数；

e）熔炼炉号；

f）各项分析检验结果即检验部门印记；

g）本标准编号。

7 合同（或订货单）内容

订购本标准所列材料的合同（或订货单）应包含下列内容：

a）产品名称；

b）产品牌号；

c）产品规格；

d）重量或件数；

e）熔炼次数；

f）本标准编号；

g）其他。

附录3 锆及锆合金牌号和化学成分（GB/T 26314—2010）

1 范围

本标准规定了一般工业和核工业用锆及锆合金铸锭及其加工产品的牌号、化学成分及化学成分分析和分析报告等。

本标准适用于一般工业和核工业用锆及锆合金铸锭及其加工产品。

2 规范性引用文件

下列文件对于本文件的应用是必不可少的。凡是注日期的引用文件，仅注日期的版本适用于本文件，凡是不注日期的引用文件，其最新版本适用于本文件。

GB/T 8170 数值修约规则与极限数值的表示和判定。

GB/T 13747（所有部分）锆及锆合金化学分析方法。

3 化学成分

3.1 牌号和化学成分

　　锆及锆合金的牌号和化学成分应符合表 1 的规定,其中 Zr-1、Zr-3 和 Zr-5 为一般工业用,Zr-0、Zr-2 和 Zr-4 为核工业用,但不仅限于核工业。

3.2　其他元素

3.2.1　其他元素是指在锆及锆合金生产过程中固有存在的微量元素,而不是人为添加的元素。

3.2.2　需方若对除附表 7 规定以外的元素有特殊要求,经双方协商并在合同中注明时,供方应对其进行分析。

3.2.3　核工业用锆及锆合金牌号中的铀含量出厂时可不分析,但应保证符合附表 7 的规定。

3.3　成分允许偏差

　　需方从产品上取样进行化学成分复验时,其成分允许偏差应符合附表 8 的规定。

4　化学成分分析和分析报告

4.1　锆及锆合金产品化学成分中 Nb 元素按供需双方认可的方法进行仲裁分析,其他元素的仲裁分析按 GB/T 13747 的规定进行。

4.2　除产品标准另有规定外,供方可在铸锭上取样进行化学成分分析。

4.3　锆及锆合金产品的化学成分允许做第二次分析,并以第二次的分析结果为最终判定依据。

4.4　化学成分分析报告中的分析数值,其有效位数对应与化学成分表中相应界限数值的有效位数一致。有效位数后面的数字应按 GB/T 8170 的规定进行修约。

附表 7　锆及锆合金牌号和化学成分

分类			一般工业			核工业		
牌号			Zr-1	Zr-3	Zr-5	Zr-0	Zr-2	Zr-4
化学成分	主元素	Zr	—	—	—	余量	余量	余量
		Zr+Hf	≥99.2	≥99.2	≥95.5	—	—	—
		Hf	≤4.5	≤4.5	≤4.5	—	—	—
		Sn	—	—	—	—	1.20~1.70	1.20~1.70
		Fe	—	—	—	—	0.07~0.20	0.18~0.24
		Ni	—	—	—	—	0.03~0.08	—

续表

分类		一般工业			核工业		
牌号		Zr-1	Zr-3	Zr-5	Zr-0	Zr-2	Zr-4
主元素	Nb	—	—	2.0～3.0	—	—	—
	Cr	—	—	—	—	0.05～0.15	0.07～0.13
	Fe+Ni+Cr	—	—	—	—	0.18～0.38	—
	Fe+Cr	≤0.2	≤0.2	≤0.2	—	—	0.28～0.37
化学成分	杂质元素不大于 Al	—	—	—	0.0075	0.0075	0.0075
	B	—	—	—	0.00005	0.00005	0.00005
	Cd	—	—	—	0.00005	0.00005	0.00005
	Co	—	—	—	0.002	0.002	0.002
	Cu	—	—	—	0.005	0.005	0.005
	Cr	—	—	—	0.020	—	—
	Fe	—	—	—	0.15	—	—
	Hf	—	—	—	0.010	0.010	0.010
	Mg	—	—	—	0.002	0.002	0.002
	Mn	—	—	—	0.005	0.005	0.005
	Mo	—	—	—	0.005	0.005	0.005
	Ni	—	—	—	0.007	—	0.007
	Pb	—	—	—	0.013	0.013	0.013
	Si	—	—	—	0.012	0.012	0.012
	Sn	—	—	—	0.005	—	—
	Ti	—	—	—	0.005	0.005	0.005
	U	—	—	—	0.00035	0.00035	0.00035
	V	—	—	—	0.005	0.005	0.005
	W	—	—	—	0.010	0.010	0.010
	Cl	—	—	—	0.010	0.010	0.010
	C	0.050	0.050	0.05	0.027	0.027	0.027
	N	0.025	0.025	0.025	0.008	0.008	0.008
	H	0.005	0.005	0.005	0.0025	0.0025	0.0025
	O	0.10	0.16	0.18	0.16	0.16	0.16

Zr+Hf 含量为 100% 减去除 Hf 以外的其他元素分析值。

附表 8 锆及锆合金化学成分复验分析允许偏差

元素	按附表 7 规定范围的成分复验允许偏差(不大于)	
	核工业	一般工业
Sn	0.050	—
Fe	0.020	—

续表

元素	按附表 7 规定范围的成分复验允许偏差(不大于)	
	核工业	一般工业
Ni	0.010	—
Cr	0.010	—
Fe＋Ni＋Cr	0.020	—
Fe＋Cr	0.020	0.025
O	0.020	0.02
Hf	0.002 或规定极限的 20%,取较小者	0.10
Nb		0.05
H		0.002
C		0.01
N		0.01
其他杂质元素		—

附录A （资料性附录）

本标准中牌号与原相关国家标准及 ASTM 和 ASME 标准中的牌号对照见附表 9。

附表 9　本标准中牌号与原相关国家标准及 ASTM 和 ASME 标准中的牌号对照

分类	本标准中牌号	原相关国家标准中牌号	对应或相当于 ASTM 标准中的牌号	对应或相当于 ASME 标准中的牌号
一般工业	Zr-1	—	UNS R60700	UNS R60700
	Zr-3	—	UNS R60702	UNS R60702
	Zr-5	—	UNS R60705	UNS R60705
核工业	Zr-0	Zr01	UNS R60001	—
	Zr-2	ZrSn1.4-0.1	UNS R60802	—
	Zr-4	ZrSn1.4-0.2	UNS R60804	—

附录4　锆及锆合金板、带、箔材（GB/T 21183—2017）

1　范围

本标准规定了锆及锆合金板材、带材、箔材的要求、试验方法、检

验规则和标志、包装、运输、贮存、质量证明及合同（或订货单）
内容。

本标准适用于一般工业和核工业用锆及锆合金板材、带材、箔材。

2 规范性引用文件

下列文件对于本文件的应用是必不可少的。凡是注日期的引用文
件，仅注日期的版本适用于本文件。凡是不注日期的引用文件，其最新
版本（包括所有的修改单）适用于本文件。

GB/T 228.1—2010 金属材料 拉伸试验 第1部分：室温试验方法。

GB/T 228.2 金属材料 拉伸试验 第2部分：高温试验方法。

GB/T 6394 金属平均晶粒度测定方法。

GB/T 10610 产品几何技术规范（GPS）表面结构轮廓法评定表面
结构的规则和方法。

GB/T 13747（所有部分）锆及锆合金化学分析方法。

GB/T 26314 锆及锆合金牌号和化学成分。

3 要求

3.1 产品分类

3.1.1 产品牌号、品种、供应状态及规格

产品牌号应符合附表10的规定，产品品种、供应状态及规格应符
合附表11的规定。

附表10 产品牌号

分类	一般工业			核工业		
牌号	Zr-1	Zr-3	Zr-5	Zr-0	Zr-2	Zr-4

附表11 产品品种、供应状态及规格 单位：mm

品种	供应状态	厚度×宽度×长度
箔材	冷加工态(Y) 退火态(M)	$(0.01\sim0.15)\times(30\sim300)\times(\geqslant500)$
带材	冷加工态(Y) 退火态(M)	$(>0.15\sim5)\times(30\sim300)\times(\geqslant500)$

品种	供应状态	厚度×宽度×长度
板材	冷加工态(Y) 退火态(M)	(>0.15~6)×(>300~1500)×(≥500)
	热加工态(R) 退火态(M)	(4.5~60)×(>300~3000)×(≥500)

注：当需方在合同(或订货单)中注明时，可供应消应力退火态(M)产品。

3.1.2 产品标记

产品标记按产品名称、标准编号、牌号、供应状态、规格的顺序表示。标记示例如下。

示例 1：用 Zr-0 制造、冷加工态、厚度为 0.05mm、宽度为 100mm、长度为 Lmm 箔材，标记为箔 GB/T 21183-2017 Zr-0 Y 0.05×100×L。

示例 2：用 Zr-2 制造、退火态、厚度为 1.0mm、宽度为 100mm、长度为 Lmm 带材，标记为带 GB/T 21183-2017 Zr-2 M1.0×100×L。

示例 3：用 Zr-4 制造、热加工态、厚度为 10mm、宽度为 600mm、长度为 Lmm 板材，标记为箔 GB/T 21183-2017 Zr-4 R10.0×600×L。

3.2 化学成分

产品的化学成分应符合 GB/T 26314 的要求。

3.3 尺寸及允许偏差

3.3.1 板材、带材、箔材尺寸及允许偏差见附表 12、附表 13、附表 14，或由供需双方协商制定。

附表 12 厚度尺寸及允许偏差　　　　　单位：mm

厚度	宽度范围内的厚度允许偏差			
	宽度≤300	宽度 300~600	宽度 600~1000	宽度 1000~3000
0.01~0.02	±0.003	—	—	—
0.02~0.05	±0.005	—	—	—
0.05~0.07	±0.007	—	—	—
0.07~0.10	±0.015	—	—	—

续表

厚度	宽度范围内的厚度允许偏差			
	宽度≤300	宽度 300～600	宽度 600～1000	宽度 1000～3000
0.10～0.15	±0.025	—	—	—
0.15～0.25	±0.040	—	—	—
0.25～0.50	±0.050	±0.05	±0.06	—
0.50～0.90	±0.050	±0.06	±0.08	—
0.90～1.70	±0.080	±0.10	±0.12	—
1.70～2.10	±0.080	±0.13	±0.15	—
2.10～2.50	±0.100	±0.20	±0.22	—
2.50～2.90	±0.100	±0.23	±0.25	—
2.90～3.50	±0.100	±0.25	±0.25	—
3.50～4.50	±0.100	±0.30	±0.30	—
4.50～5.00	±0.150	±0.35	±0.40	±0.50
5.00～6.00	—	±0.40	±0.50	±0.60
6.00～8.00	—	±0.40	±0.60	±0.80
8.00～10.00	—	±0.50	±0.60	±0.80
10.00～20.00	—	±0.50	±0.90	±1.10
20.00～40.00	—	±0.60	±1.10	±1.50
40.00～50.00	—	±0.60	±1.50	±2.00
50.00～60.00	—	±0.70	±2.00	±2.50

附表 13   宽度尺寸及允许偏差   单位：mm

宽度	≤300	300～1000	1000～3000
宽度允许偏差	+1.5 0	+4.0 0	+5.0 0

注：宽度允许偏差指剪切后的产品尺寸偏差。

附表 14   长度尺寸及允许偏差   单位：mm

长度	500～1000	＞1000
长度允许偏差	+10 0	+15 0

注 1. 长度允许偏差指剪切后的产品尺寸偏差。

2. 长度允许偏差仅适用于片式交货的板材、带材、箔材产品,卷式交货的带材、箔材按合同(或订货单)要求执行。

3.3.2 板材、带材应平直，剪切后成品的侧边弯曲度应不大于 3mm/m。退火态的箔材允许有轻微的波浪。

3.3.3 片式供货产品的不平度应符合附表 15 的规定。

附表 15　产品不平度

厚度/mm	规定宽度的不平度/(mm/m)	
	≤2000	>2000
≤4.5	20	—
4.5~10	18	20
10~20	15	18
20~35	13	15
35~60	8	13

3.3.4 经剪切的板材、带材、箔材边部应切齐、无裂口、卷边、分层，允许有轻微的毛刺；箔材可不切边交货；板材各角应切成直角。

3.4　力学性能

板材、带材的力学性能应符合附表 16 的规定。箔材、厚度大于 10mm 的板材及其他供应状态的产品力学性能要求由供需双方协商决定。

附表 16　板材、带材力学性能

牌号	状态	试样方向	试验温度 $t/℃$	抗拉强度 R_m/MPa	规定塑性延伸强度 R/MPa	断后伸长率 $A_{50mm}/\%$
Zr-0	M	纵向	室温	≥290	≥140	≥18
		横向	室温	≥290	≥205	≥18
Zr-2 Zr-4	M	纵向	室温	≥400	≥240	≥25
		横向	室温	≥385	≥300	≥25
		纵向	290	≥185	≥100	≥30
		横向	290	≥180	≥120	≥30
Zr-1	M	纵向	室温	≤380	≤305	≤20
Zr-3	M	纵向	室温	≥380	≥205	≥16
Z3-5	M	纵向	室温	≥550	≥380	≥16

3.5 腐蚀性能

核工业用板材、带材应进行腐蚀性能试验。试样在（400±3）℃、（10.3±0.7）MPa 的水蒸气中进行 72h 或 336h 腐蚀。经腐蚀试验后，试样表面应具有黑色、致密、光泽均匀的氧化膜。试样 72h 腐蚀的增重量应不大于 $22mg/dm^2$。当 72h 试验结果不合格时，可继续进行累计时间（或重新加倍取样进行）336h 的腐蚀试验，其增重量应不大于 $38mg/dm^2$。

3.6 超声检验

核工业用板材应进行超声检验，验收要求由供需双方协商确定。

3.7 晶粒度

核工业用厚度不大于 4.8mm 的板材、带材再结晶退火态产品，平均晶粒度应不低于 GB/T 6394 中的 7 级；其他产品的晶粒度由供需双方协商，并在合同中注明。

3.8 外观质量

3.8.1 产品表面应光洁，不应有油污、氧化、酸斑、沾污、裂纹、起皮、折叠、金属或非金属压入等宏观缺陷。

3.8.2 板材表面粗糙度 R_a 应不大于 $3.2\mu m$，带材、箔材表面粗糙度 R_a 应不大于 $1.25\mu m$。

3.8.3 产品不应有分层和夹杂。

3.8.4 箔材表面应平整，允许有轻微的波浪，但当卷在直径为 50～60mm 的卷筒上时，其波浪应能消除。

4 试验方法

4.1 化学成分

产品的化学成分分析按 GB/T 13747 的规定或供需双方商定的方法进行。

4.2 尺寸及允许偏差

尺寸及允许偏差检验用相应精度的量具进行，厚度应在距离产品边缘不小于 9.5mm 处测量。

4.3 力学性能

4.3.1 室温拉伸试验按 GB/T 228.1—2010 进行。厚度为 0.1～3mm

的产品，取 P5 试样；厚度为 3～10mm 的产品取 P12 试样；厚度在 10mm 以上的产品取 R7 试样。

4.3.2 高温拉伸试验按 GB/T 228.2 进行。

4.4 腐蚀性能

腐蚀性能检验按附录 A 进行。

4.5 超声检验

超声检验方法由供需双方协商确定。

4.6 晶粒度

晶粒度评级按 GB/T 6394 进行。

4.7 外观质量

表面粗糙度检验按照 GB/T 10610 要求进行，其他项目用目视检验。

5 检验规则

5.1 检查和验收

5.1.1 产品应由供方进行检验，保证产品质量符合本标准或合同（或订货单）规定，并填写产品质量证明书。

5.1.2 需方应对收到的产品按本标准的规定进行检验。检验结果与本标准的规定不符时，应在收到产品之日起 3 个月内向供方提出，由供需双方协商解决。如需仲裁，仲裁取样由供需双方共同进行。

5.2 组批

产品应成批提交验收，每批应由同一牌号、同一熔炼炉号、同一规格、同一制造方法、同一状态和同一热处理炉（批）的产品组成。

5.3 检验项目和取样

产品的检验项目和取样要求见附表 17。

附表 17　检验项目和取样要求

检验项目	取样	要求的章条号	试验方法章条号
化学成分	氮、氢、氧含量每批在成品上取一个试样，其他成分供方可以原铸锭分析结果报出。需方在成品上取样	3.2	4.1
尺寸及允许偏差	逐张（卷）	3.3	4.2
力学性能	每批横、纵向各取 2 个试样	3.4	4.3

检验项目	取样	要求的章条号	试验方法章条号
腐蚀性能	每批取 3 个试样	3.5	4.4
超声检验	逐张	3.6	4.5
晶粒度	每批横、纵向各取 1 个试样	3.7	4.6
外观质量	逐张（卷）	3.8	4.7

5.4 检验结果的判定

5.4.1 化学成分不合格时，应从该批产品中另取双倍数量的试样进行重复试验。若重复试验结果中仍有成分不合格，则判该批产品不合格。

5.4.2 尺寸及允许偏差或外观质量不合格时，判单张（卷）不合格。

5.4.3 力学性能、腐蚀性能及晶粒度检验中，如果有试验结果不合格时，则从该批产品上（包括原受检产品）取双倍试样进行该不合格项目的重复试验。重复试验结果仍有不合格，则判该产品不合格。

5.4.4 超声检验不合格时，判单张产品不合格。

6 标志、包装、运输、贮存、质量证明书

6.1 产品标志

6.1.1 每批合格的产品应有标签或标牌，注明产品牌号、规格、状态、批号、数量。

6.1.2 带材、箔材应在其外侧标上相同的标记；板材逐张单面或双面做标记。

6.2 包装、运输、贮存

6.2.1 每张板材之间用软纸隔开，然后用箱包装。

6.2.2 带材需用防潮纸包好，放在干燥的箱内，各卷之间用填充材料塞紧，防止窜动。

6.2.3 成卷供货的箔材应加芯轴，并用塑料布和塑料袋包裹牢固，然后用箱包装。

6.2.4 箱内应衬防潮纸，箱外注明"防潮""轻放"等字样或标志。

6.2.5 运输和储存时，要防止碰撞、受潮和活性化学物质的腐蚀。

6.3 质量证明书

每批产品应附有质量证明书，注明：

a）供方名称；

b）产品名称、牌号、规格和状态；

c）产品批号（或炉号）、批重和件数；

d）分析检验结果即检验部门印记；

e）本标准编号；

f）包装日期。

7 合同（或订货单）内容

合同（或订货单）应包括下列内容：

a）产品名称；

b）牌号、状态；

c）产品规格；

d）数量；

e）本标准编号；

f）其他。

附录 A（规范性附录）

锆及锆合金在 400℃蒸汽中腐蚀试验方法

A.1 术语

下列术语适用于本附录。

A.1.1

标样 standard

已知性能的用来判别试验有效性的试样。

A.1.2

A 级水 grade A water

电阻率不小于 1.0MΩ·cm，pH 值为 5.0～8.0 的纯水。

A.1.3

B 级水 grade B water

电阻率不小于 0.5MΩ·cm 的去离子水或软化水。

A.2 设备与仪器

A.2.1 高压釜：高压釜为 300 系列不锈钢或镍基合金制作的压力容

器，应装有压力、温度测量和控制装置和放气阀。压力和温度控制系统应满足本试验要求，试样夹具及其他内部附件均用 300 或 400 系列不锈钢或镍基合金材料制造。

A.2.2 酸洗容器：聚乙烯或聚丙烯制作的酸洗槽。

A.2.3 测量设备：天平（精度不小于 1×10^{-4} g）、千分尺、卡尺。

A.3 试剂

A.3.1 A 级水、B 级水。

A.3.2 丙酮和乙醇、硝酸（化学纯）、氢氟酸（化学纯）、硫酸（化学纯）。

A.4 试样、标样

A.4.1 试样的长×宽一般为 30mm×20mm，表面经过水洗或酸洗。

A.4.2 每批试样和标样应分别标识。

A.5 试验要求

A.5.1 水质：腐蚀试验用水为 A 级水。

A.5.2 试样数量：每次置于高压釜内试样的总面积不超过 0.1m²/L。

A.5.3 试验条件如下。

温度：（400±3）℃。

压力：（10.3±0.7）MPa。

时间：在规定的温度和压力下，腐蚀总时间最多可比规定时间延长 8h，时间可以不连续。

A.6 试样制备

A.6.1 用丙酮或乙醇除油。

A.6.2 对试样逐个进行编号。

A.6.3 用 180#、300#、400#、500# 砂纸，从粗到细磨制试样表面，去除变形层。

A.6.4 酸洗

a）如果有酸洗要求，酸液推荐使用以下配比，可根据产品要求调整。

纯锆及锆锡合金酸液配比：（3±1)％体积分数的氢氟酸，（39±5)％体积分数的硝酸，其余为蒸馏水或软化水。

锆铌合金酸液配比：(9 ± 1)％体积分数的氢氟酸，(30 ± 5)％体积分数的硝酸，(30 ± 5)％体积分数的硫酸，其余为蒸馏水或去离子水。

b）每升酸洗液酸洗样品的表面积不大于 $4dm^2$，酸液温度 $32\sim45℃$，酸洗去除量控制在 $0.01\sim0.1mm$，酸液颜色呈黄色时应报废，重新配制酸液。

A.6.5 用自来水冲洗后，用室温的 B 级水冲洗。

A.6.6 用不低于 $80℃$ 的 B 级水清洗 $10min$ 左右。

A.6.7 将试样放入干燥箱中，在 $60\sim80℃$ 温度下干燥 $0.5\sim1h$，取出试样，室温下冷却；或使用热风，将试样表面吹干，在室温下冷却。试样的冷却时间可控制在 $15min$ 以上，最终保证试样与天平同温度。

A.7 操作步骤

A.7.1 试样检查：腐蚀试样表面应无折叠、裂纹、鼓泡、异物、氧化剂酸斑等。

A.7.2 尺寸测量：测量每个试样尺寸，精确到 $0.01mm$；表面积计算后修约到 $1\times10^{-4}dm^2$。

A.7.3 称重：用感量天平称重，至少精确至 $1\times10^{-4}g$，每称 5 个试样调零一次。

A.7.4 高压釜腐蚀检测：

a）将高压釜内壁用 B 级水冲洗不少于两次。

b）将试样装在干净的试样架上，试样之间不应接触，用 B 级水冲洗试样和试样架。

c）将冲洗过的试样及试样架放入高压釜内，加入 A 级水约占高压釜加满水量的 $1/4\sim3/4$，扣上主螺栓和压紧螺栓密闭后，开始加热。

d）排气：升温到 $150\sim190℃$ 时开始进行放气，少量多次放气直到温度和压力达到规定值。

e）温度达到 $400℃$ 后开始保温，保温 $72h$ 或 $336h$。

f）保温结束后，戴上干净的手套（或用干净的镊子）取出试样，用 B 级水或乙醇冲洗并晾干后，将试样放入干燥箱中，在 $60\sim80℃$ 温度下干燥 $0.5\sim1h$，取出试样，室温下冷却；或使用热风，将试样表面吹干，在室温下冷却。试样的冷却时间可控制在 $15min$ 以上，最终保证试样与天平同温度。

A.8 腐蚀结果

A.8.1 计算

腐蚀增重按式（A.1）计算：

$$\Delta W = (m_2 - m_1) \times 10^3 / A \qquad (A.1)$$

式中 ΔW——腐蚀增重，mg/dm^2；

m_2——腐蚀后试样质量，g；

m_1——腐蚀前试样质量，g；

A——试样总表面积，dm^2。

A.8.2 表面观察

腐蚀试验后检查每个试样表面的颜色、光泽、均匀度，记录结果，外观检查应在明亮的环境下进行。

A.9 报告

试验报告内容包括但不限于：

a）实验室名称；

b）本标准编号；

c）样品状态；

d）高压釜编号和试验日期；

e）试验前水的电阻率；

f）试验温度、压力、时间；

g）腐蚀增重；

h）试样表面状况。

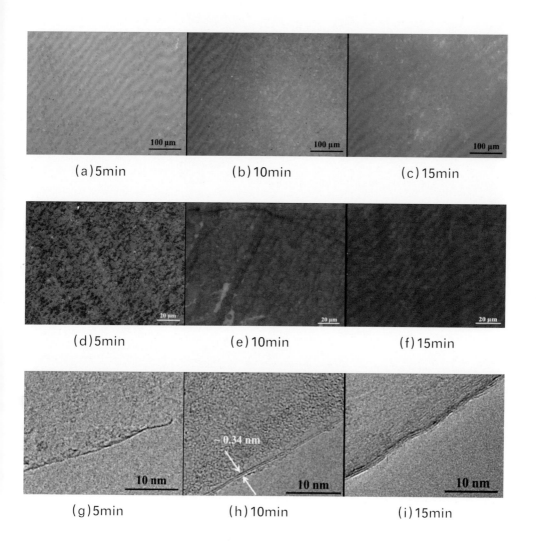

彩图 1 不同反应时间的石墨烯的光镜图、SEM 图和 TEM 图（5min、
10min 和 15min）

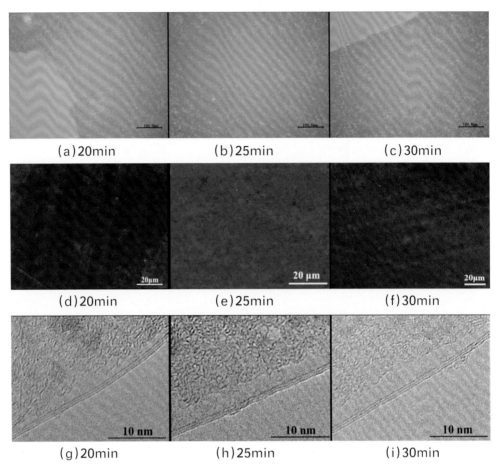

(a)20min (b)25min (c)30min

(d)20min (e)25min (f)30min

(g)20min (h)25min (i)30min

彩图 2　不同反应时间的石墨烯的光镜图、SEM 图和 TEM 图（20min、25min 和 30min）

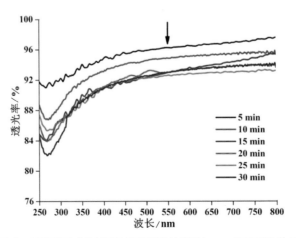

- 5 min
- 10 min
- 15 min
- 20 min
- 25 min
- 30 min

彩图 3　不同反应时间的石墨烯的紫外——可见吸收光谱图

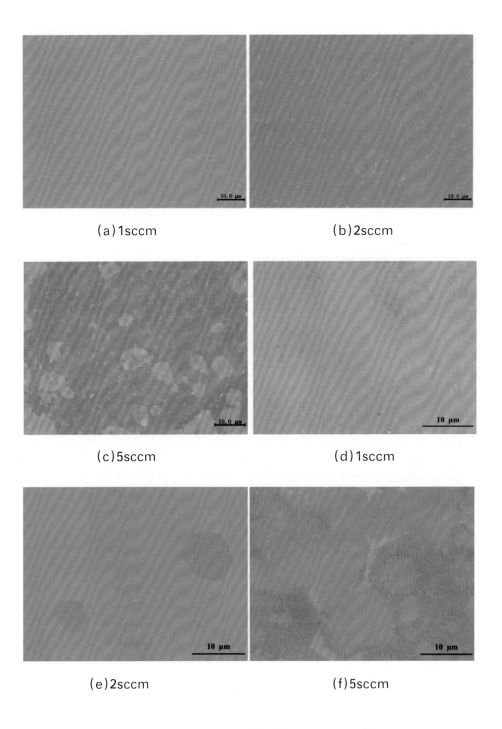

(a)1sccm

(b)2sccm

(c)5sccm

(d)1sccm

(e)2sccm

(f)5sccm

彩图 4　不同甲烷流量的石墨烯的光镜图和 SEM 图（1sccm、
2sccm 和 5sccm）

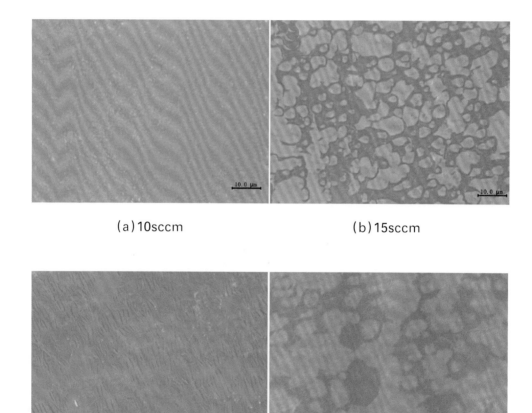

(a)10sccm (b)15sccm

(c)10sccm (d)15sccm

彩图 5 不同甲烷流量的石墨烯的光镜图和 SEM 图（10sccm、15sccm）

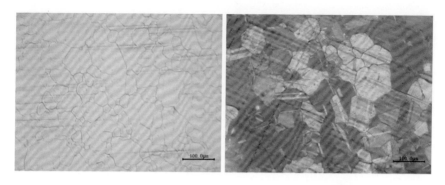

(a) 铜箔   (b) 铜箔

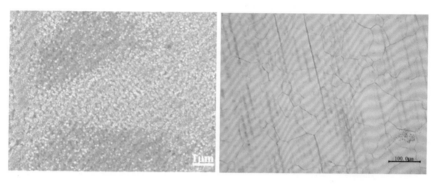

(c) 铜箔   (d) 5min 石墨烯

(e) 5min 石墨烯   (f) 5min 石墨烯

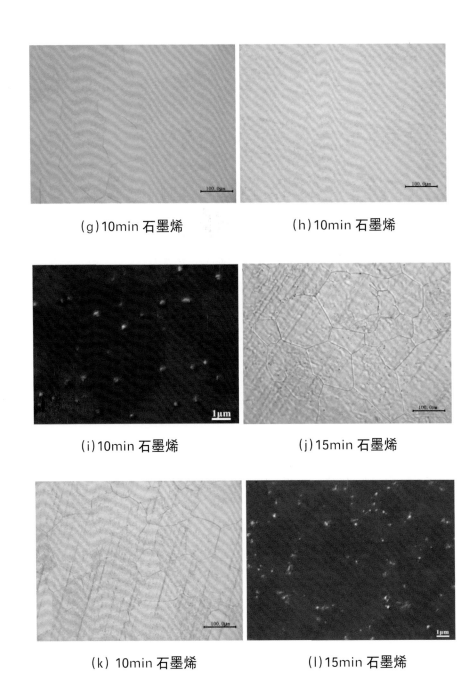

(g) 10min 石墨烯　　　　　　　(h) 10min 石墨烯

(i) 10min 石墨烯　　　　　　　(j) 15min 石墨烯

(k) 10min 石墨烯　　　　　　　(l) 15min 石墨烯

彩图 6　铜箔和石墨烯在空气中加热前的光镜图和加热后的 SEM 图 [铜箔
（ 5min、10min、15min ）石墨烯]

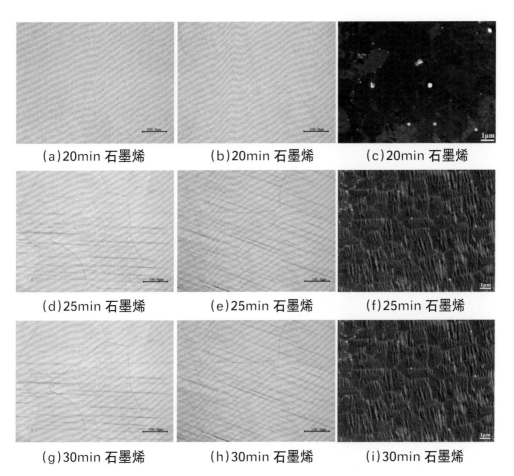

（a）20min 石墨烯 （b）20min 石墨烯 （c）20min 石墨烯

（d）25min 石墨烯 （e）25min 石墨烯 （f）25min 石墨烯

（g）30min 石墨烯 （h）30min 石墨烯 （i）30min 石墨烯

彩图 7　石墨烯在空气中加热前、后的光镜图和加热后的 SEM 图（20min、
25min、30min）

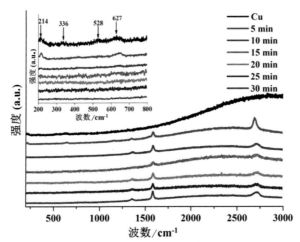

彩图 8　样品在空气中加热氧化后的拉曼光谱图

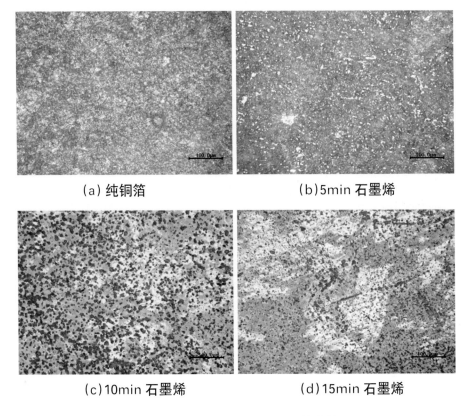

（a）纯铜箔　　　　　　　　　　　（b）5min 石墨烯

（c）10min 石墨烯　　　　　　　　（d）15min 石墨烯

彩图 9　极化曲线测试后样品的光镜图

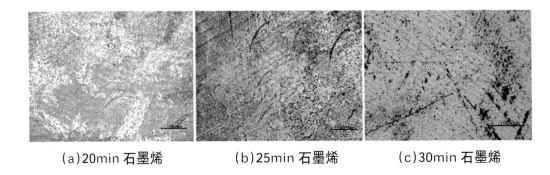

（a）20min 石墨烯　　　　（b）25min 石墨烯　　　　（c）30min 石墨烯

彩图 10　极化曲线测试后样品的光镜图